ぼくらの
to be continued

Bokurano
to be continued
ooharaMEN
presents

おおはらMEN

Bokurano
to be continued

ooharaMEN
presents

大学時代、人生の分岐点があった。
公務員になるか、
ゲーム実況者になるか。

ゲーム実況者のおおはらMENです。
元々はマインクラフトというゲームでプロマインクラフターとして活動する現在ですが、
公務員を目指してました。
昔MEN
目指せ公務員!
そんな僕が実況者になるまで色々ありました。
今回エッセイを出すにあたり……
・家族と共有する漫画棚
・虫とゲームに情熱を捧げた幼少期
・公務員の勉強に励む毎日
・迷ったときや落ち込んだときの考え方
・初めてのゲーム実況への挑戦
・貧乏すぎた下積み時代
こんなことを書きました！

他にも……
ヤバすぎる卒業旅行
お金くださぃ…
親
わぃわぃ
会長
この後悲劇→
会長
普段の生活
素餅やはちみつトースト大好き
靴下ははかない（強い意志）
もぐもぐ
帰宅部
ドズル社のみんなとの毎日
あそこのサウナめちょよかった
岩盤浴もすごくよかったですよ
へ〜
?
など盛り沢山

01

第一章　バックアップを怠るな

02

第二章　オフラインの旅路

03

第三章 分岐点ではセーブしたい

contents

Bokurano
to be continued

04

第四章 僕らはいつも容量不足

05

第五章 人生にバグはつきもの

ブックデザイン：arcoinc
イラスト：かずきおえかき
マネジメント：マリー
DTP：G-clef
校正：鷗来堂
編集協力：東美希
編集：宮原大樹

Bokurano to be continued

01

第一章

バックアップを怠るな

01

Bokurano to be continued

家族最弱のパワー（物理）ながらもゲームにのめり込む

ゲーム大好き家族のもとに生まれた僕は、幼い頃から順調にゲーム好きに育った。正確に言うと、父・兄・僕がゲーム大好き人間で、母は特に好きではないが「まーたやっとるわ（笑）」くらいの距離感で温かく見守ってくれていた感じ。

みんなゲーム好きだが、情報交換するとか、みんなでわいわいゲームをやる……みたいなことはあまりなかった。兄と僕がたまに『スマブラ（大乱闘スマッシュブラザーズ）』でバトルするくらい。

仲が悪かったというわけではない。好きなゲームのジャンルが異なっていたので、ゲームによる交流が少なかっただけ。僕はポケモン（ポケットモンスター）が大好きだったけど、ポケモンをプレイするのは家族で僕だけ。父は昔の携帯ゲーム。

ＮｉｎｔｅｎｄｏＳｗｉｔｃｈが発売されている時代にニンテンドーＤＳのゲームをやっているようなタイプ。兄はＰＳ（ＰｌａｙＳｔａｔｉｏｎ）系でリアル志向……と、好きなゲームの系統が全く違っていた。みんな心底ゲームが好きだからこそ、こだわりや好みのジャンルが分かれており、各自で好きにゲームを楽しんでいたのだ。

でも、僕だってＰＳをやりたくなる日もある。兄がずっとプレイしているＰＳを。普通の兄弟ならば、どっちがやるかのケンカになるところだろう。でもうちは違った。

兄、めっちゃ強い。兄の独壇場。

それはなぜか。うちの家族は、ゲーム好きであると同時にマンガ好きでもあった。しかも少年マンガだ。そのせいで、うちの兄弟の関係は「強いほうが偉い」「力こそ全て」だったのである。『北斗の拳』の治安を想像していただけるとわかりやすい。

そして僕は兄に力で惨敗である。幼少期の４歳差デカすぎ。……といっても、リアル暴力での戦闘に負けてPSを譲っていたわけではない。兄がその横暴さゆえ君臨していたわけでもない。もちろん最も強いのは父だけど、親という立場なので、ちゃんと別枠だったし。「『北斗の拳』の治安」はさすがに盛りすぎました。あんなに混沌としてないです。ごめんなさい。

僕は兄に、挑むことすらできない圧倒的な力の差を感じて、自ら身を引いていた。つまり、兄がPSをプレイしていれば、おとなしく諦めて自室に戻り、携帯ゲーム機でゲームをプレイしていたというだけ。

母の紹介もしておくと、心配性でどこに行くときもガスの元栓を締めたかしっかり確認し、出かける間際に「あれ持った?」「これ持った?」としっかり確認し……という人だった。この性格はばっちり受け継がれていて、僕にも確認グセがある。

そして母はめちゃくちゃ酒を飲んでいた。父もお酒が好きなので、よくふたりでハイボールを作って飲んでいて、僕はその横からこっそり炭酸水だけ盗み飲み。そんな感じの両親。お酒好きの部分はあまり似ず、僕はTHE・酒というタイプのものはあまり飲めない。甘いやつがいい。

おそらく、うちの家族で僕が勝てそうなのは飼っている犬と猫くらい……と言いたいところだが、それも無理かもしれない。実家にはトイプードルのモカ（犬）とアビシニアンのレオ（猫）がいるのだが、力の差というより家庭内のヒエラルキー的に、その2匹は僕といい勝負してんだよな多分……。

うん、兄の次はモカ、レオの可能性があります！　俺、負けてるかも！

さらに僕が実家を出てからミーコという名の猫が家族に加わっており、実家に帰るたびにミーコからは「なんか来た」「誰だこいつ?」という反応をされる。ミーコからの扱いに至っては家族ですらない。悲しい。

ちょっと話はそれたが、こんな感じで幼い頃からゲームを楽しんでいた僕。この後なぜかどんどん環境が整っていき、隙があれば常にゲームをプレイする思春期を迎えることになる。

最初で最後の受験は小学校受験

小学校受験。それは僕のゲーム時間を無限大にしてくれた最高のイベント。

僕は小学校受験をして受かり、高校までエスカレーターで進学した。大学は指定校推薦だったので論文と書類を提出して終わった。推薦入試も受験といえば受験だが、やはり大学入試センター試験（今で言うと大学入学共通テストか？）とか、必要科目を勉強して試験を受けて……という流れではなかったので、ちょっと受験感がない気がする。

ちなみに指定校推薦も狙っていたわけではなく、高1と高2の成績が可もなく不可もなくといった感じだったので「あれ？　これ、もしかして指定校推薦で行けるかも？」とチャレンジしてみたら行けた、という。

特に成績がよかったわけでも、学校内での活動に力を入れていたわけでもないので、かなり運がよかったと思う。飛び抜けてよかったからの指定校ではなく、飛び抜けて悪いところがなかったからの指定校。ちなみに大学は家からの近さで決めた。

つまり、テストを受けて合格したという経験が、6歳で最後。

幼稚園時代は「受験をしたい！」なんて自我はなかったはずなので、両親の教育方針だ。そして自分が興味がないものはそのままにしてしまうタイプだから、なぜ両親が小学校を受験させたのかを未だに知らない。……ので、さっき聞いてみた。僕が気づいていなかっただけで、幼い頃から教育に力を注ぐタイプの親だったのか——？

母「校内が自然にあふれてたから」。

とのことです。エスカレーターかどうかとか、関係なかったっぽい。確かに高校まで全校同じ敷地の山の中にあり、結果的に12年間自然の中で学校生活を送った。

あと、兄もそこに進学していたこと、先生もよさそうだったというのもポイントだったそうだ。親は「いわゆる〝お受験〟感はなかった」と言っているが、僕もそうだった。

あれが受験勉強だったのかなぁ？　的な記憶はかすかにある。

どこかの建物へ連れて行かれて、ついたら最初にまず紙で箱を折る。問題が出て、それを解くとその箱にお菓子を入れてもらえる。今思えば、あれは塾だ。

制服を時間内にちゃんと着られるか、というテストもあったような気がする。ちゃんとお着替えできるかテスト。多分、あれも塾だったと思う。

そういえば、家にひとつだけ当時解いたであろう問題が残っている。それは『桃太郎』の物語が４枚の絵に分けられており、それを正しい順番につなぐというもの。

思いっ切り間違えてます。鬼を退治したあとに桃太郎が生まれてました。俺だけの桃太郎アナザーストーリーが創られてました。

その塾に行く以外で、親に勉強させられた記憶はないから、やっぱり〝お受験〟感覚ではなかったのかもしれない。うちの親はいわゆる教科的なものについては、あまり教えてくれなかった。けれど、出かける先は知識を得られるところが多かった。遊園地のような遊ぶだけの場所に行くことはあまりなくて、水族館や鍾乳洞、元火山だったところなど、好奇心を掻き立てられるような場所にたくさん連れて行ってくれた。今思えば、教養の部分を育てていてくれていたのかな？

幼稚園もそんなに厳しくなかった。思い返すと遊びの中に教育が組み込まれていたとは思う。1文字、2文字、3文字と文字数を増やしながら、思いつく言葉を言うゲームとか。……でも僕の当時の思い出としては、外で虫をつかまえている記憶のほうがはるかに容量を取っている。

ちなみに受験日の記憶は全くと言っていいほどない。僕のことだから遊びに行ったと勘違いしているか、すっげえつまんなかったかのどちらかだな。

これが、僕がゲームをしまくる環境が整った理由。12年間まるごと受験がない学校に通うことにより、12年間ノンストップでゲームをやり続けることができたのだ。両親の意図とは違うだろうが、おかげで学生生活は大充実。ゲーム面がね。

千円札の人の記念館

親が旅行や観光で連れて行ってくれた場所についていろいろと思い出してきたので書いてみる。僕が好奇心旺盛な人間に育ったのは、両親のこの「お出かけ教育」に理由がありそうなので。

そもそも両親は観光好き。休みの日はいろいろな場所に連れて行ってくれた。様々な場所で見た風景や体験が、今の僕を作っている。ような気がする。

お寺や鍾乳洞の他に覚えているところといえば、まず大谷石地下採掘場跡だ。かなりファンタジーちっくな場所で、ゲームの風景がリアルにあったらこんな感じなんだろうな、という景色だった。ドラマのロケ地としても使われているらしい。

登呂遺跡や猪苗代湖にも行ったなぁ。どの場所も心に残っている。

渋いところで言うと、『野口英世記念館』。猪苗代湖に連れて行ってもらったときに立ち寄った。小学生の僕にとっては、施設名としては渋いところだが、入ってすぐに施設の人が「千円札の人ですよ！　千円札の人ですから！」と推してきて、それを聞いた僕は「千円札の人!?　すげぇ！」と、興味が一気にピークに。小学生にとって、1000円は大金である。「はぁ、もう、すごい……！」と、説明してくれるガイドさんの話を一生懸命に聞いていた。

いちばん好きだったのは水族館。今でも大好きだ。何が好きなの？　と聞かれると、結構困っちゃうんだけど……水槽という限られたスペースの中できれいに展示されているのが好きなのかなぁ。凝ったレイアウトのものはずっと見ていたくなる。高校生になってアクアリウムにハマったときなんかは、勉強になる！　とずっと見続けていた。「東京湾の生き物」とか、その場所に近いところの海を再現している水槽もかなりいい。

生き物自体も好きで、チンアナゴを「あっ、潜った！　出てきた！」と見つめ続けているのも癒やされるし、深海魚のあきらかに魚じゃねぇだろってビジュアルも好き。

一度、友達と水族館に行ったとき、チンアナゴを見続けすぎて、友達が後ろで腕を組んで「チンアナゴを見る俺」を見ていたこともあったっけ……。

親には、『横浜・八景島シーパラダイス』によく連れて行ってもらってた。気に入っていた魚は〝ガー〟だ。

みなさん、知ってますか、ガーを。あのカッコいい魚、ガー。

牙のある全長1mくらいのワニみたいな魚。アリゲーターガーとかマジでワニですよ。当時、横浜・八景島シーパラダイスには肉食魚のブースだか淡水魚のブースだかにいた気がするけど、まだいるのかな。

東京では……というより日本ではあまり見ることができない魚なので、機会があればぜひ。

今でも、出かけた先の近くに水族館があったらふらりと立ち寄ってしまう。『すみだ水族館』とか『しながわ水族館』とか。おすすめの水族館があったら教えてください。

年少さんってあったよね？

「年少さん」って存在しますよね？

多分存在するはずなのに、僕は年中さんからの記憶しかない。覚えていないだけかもしれないけれど。幼稚園の真ん中くらいの時期からの思い出はちらほらあるのだけど、年少さんのものがない。年中さんより前に幼稚園で過ごした記憶が全くないのだ。そのあいだ、家で勉強していたのだろうか。

僕は不思議なことや謎なことがあっても、あんまり気にせずそのままにしているので、この記憶の件に関してもずっと「なんでかなぁ？」で放置している。

完全なる予想だが、生まれたての頃にかかった病気のせいかもしれない。1歳くらいの頃かな？　僕は心臓病っぽくなったことがあるらしい。

これは幼すぎてもちろん覚えていないので、今となっては大健康の僕は「あ、そうなんだ」くらいのもんなんだけど。実際に何がどうなってたのかは全然知らない。とにかく心臓が弱かったらしい。知らん。

小さい頃に大病にかかったら、その病気について少しは調べるもんじゃない？　と聞かれることもあるけど、もう終わったことだし。今元気なんで、っていう程度。

虫とか魚とかを取りまくってた覚えがあるので、その後はもりもり治ったはず。

幼少期のことを書くに当たり、昔からの友達に「ちっちゃいときの俺、どんなやつだった？」と聞いたら、「虫と魚をずっとつかまえてた」って言われちゃったので。周りからのイメージと僕の記憶は全く一緒。しかもおんなじ虫をひたすら集め続けてた。

つまり、幼い頃の僕はどう転んでも、誰から見ても「虫と魚のヤツ」だったみたいだ。でも小さい頃なんて、みんなそんなもんだよね？

　ちなみにその虫好きは小学生になってもとどまることを知らず、当時からの学校の友達であるYouTuber・たいたいに聞いたところ小学生時代の僕は「虫とエビと『遊☆戯☆王』」のイメージだそうだ。『遊☆戯☆王』が増えているので少し知能が上がっていそうではあるが、結局虫。水辺の生き物。学校周辺でつかまえては見せびらかしていたらしい。


　家の周りで虫取りをすることもあったが、動きは学校とほぼ一緒。好きな虫の定番であるカブトムシやクワガタをつかまえようとはしていたものの、東京に住んでいたため、探しても探してもヤツらはなかなかいない。代わりに大量に集まっていくのがダンゴムシとゴミムシ。

　そして夏にはセミの大量捕獲に精を出していた。スタンダードな緑の虫かごを3つ持ち歩き、それいっぱいに、アブラゼミを15匹ほど収集。最後はつかまえたセミをかごに入れようとすると、かごの中のセミが逃げちゃうくらい大量だった。

その他にもバケツいっぱいのザリガニとか、祖父母の家の近所にある水路でカエルを50匹くらいつかまえたりとか。

子どもって時間がいっぱいあるからね。ザリガニもエビもセミも、無限におっかけていられる。

常に大収穫だった。家に持ち帰ったら怒られることはわかっているのだが「いっぱい取った＝見せたい！」という直球の欲望に、幼い僕が勝てるわけがない。取り終えたあとは「見せたい！　見せたい！　見せたい！」という気持ちで頭がいっぱい。

ということで、その大量の生き物たちを家に持ち帰り、見せびらかして「逃がしてきなさい！」と怒られるまでがワンセット。怒られた記憶が何度もある。あの頃の僕は、「経験から学ぶ」ことを知らなかった。お母さんごめんなさい。

今思えばあれは大迷惑だよな。あんな量のセミもカエルも、絶対うるさい。

「将来の夢：仮面ライダー」を略奪された

僕、子どもの頃の夢、仮面ライダーです。だって仮面ライダーかっこいいじゃん。あんなスーツを身にまとって人を助けてみたいじゃん。僕が特に好きだったのは仮面ライダー龍騎。あの赤い感じ。メタリックな感じ。かなりカッコいい。

この将来の夢について、今でもあれなんだったんだろう？　という思い出がひとつある。幼稚園くらいの頃のエピソードだ。何度か配信でも話したことがあるから、知っている人もいるかもしれない。

市民センターみたいなところで、係のお兄さんと子どもたち5人くらいが遊んでいたときのことだ。そこで「みんなの夢を書いてみよう！」という企画があった。

紙のいちばん上にそれぞれの名前が書いてあり、紙のいちばん下に自分の夢を書く、というもの。僕は意気揚々と「仮面ライダーになりたい！」と叫んだか、書いたかした。

そうしたら、お兄さんはなぜかあみだくじを描き始めた。

その場にいる全員の名前と夢はあみだくじで結ばれてしまい、僕の夢である仮面ライダーは誰かに奪われ、僕の夢は勝手に警察官になった。

なんでやねん。盗るなよ、夢を。

逆に仮面ライダーを押し付けられた側も困惑するだろ。

お兄さんにも意図があったのだろう。市民センターで、無意味にキッズの夢を奪うことなんてしないはずだ。夢の視野を広げるとか、なんかそんな感じの意図が。

もしくは、実はあのお兄さん、ショッカーだったのかも。僕が強くてカッコいい仮面ライダーになるのを阻止するための刺客だったのかもなぁ。

ちなみに、小学生になってから、僕の夢は「一級建築士」へと変わった。「一級」とついているので、建築士という職業への知識がありそうに聞こえるかもしれないが、多分どっかで聞いたことがあっただけ。その夢の中身は「家を建てられるってすげえよな!!!」という、なんとも小学生らしい理由です。

よく考えると、マインクラフト実況者の僕の職業は「建築士」とも言える。

てことはもしかして俺、夢叶ってない?

当時の夢と今の仕事を特に結びつけて考えてみたことはなかったけれど、もしかしたらあの頃から、建築を仕事にする予兆みたいなもんがあったのかもしれないし、なかったのかもしれない。

オナモミで近所の経済をぶちこわす

まぁこんな感じで絵に描いたような小学生だった僕だが、一度だけ、とんでもないことをしでかしたことがある。なんと、近所の小学生たちの経済を破壊したのだ。な、なんて悪い小学生なんだ……。

よく遊ぶ近所の小学生のコミュニティには、内輪で使う独自の通貨があった。それはオナモミ。「ひっつき虫」という別名もある、衣服にくっつくトゲトゲの実みたいなやつだ。小学生同士でお金のやり取りはできないから、何かちょうどよさげなものはないかな？　と話し合って決まった「オナモミ通貨システム」。オナモミのレア度がちょうどよかったからだ。僕らが遊んでいた公園は、1回鬼ごっこをすると、オナモミが3つ、4つくっついてくるような場所だったから。

僕らはあの実を通貨とし、お店屋さんごっこ的なものを楽しんでいた。各自が家からいらないものや交換したいものを持ってきて、金額（オナモミの数）を決め、買い物をし合う。

商品は家にあって自分はいらないけど、欲しい人がいるかもなぁというもの。きれいな石（3オナモミ）、フィルムケース（6オナモミ）、ヘアピン（覚えてないけど高めオナモミ）など、種類は豊富。2〜3回鬼ごっこをして1個何か買えたらいいね、くらいの価格設定。みんなでいい感じに買い物っぽい交換を楽しんでいた。だが——。

あるとき、おおはら少年は、鬼ごっこ中、ありえないほど遠くまで走って逃げた。そこで少年は見つけてしまったのである。大量の金（＝オナモミ）がある空き地を！僕はその空き地をかけ回り、100個ほど体にオナモミをくっつけてみんなのもとへ帰った。

「みんな！　こいつを見てくれ！」

「こっちだ！　こっちにあるんだ、ついてこい！」

僕は意気揚々とみんなにその空き地を教え、みんなを大金持ちならぬ〝大オナモミ持ち〟にしてしまった。そしてそのせいで、すべての商品のオナモミ額が大幅に値上がりした。

そう僕は大インフレを起こしたのである。

ひとつ何かを売買するために、大量のオナモミを数えなければならなくなり、「やってらんねー」とばかりに、全てのお店屋さんは消滅した。小学生の楽しいお店屋さんごっこ。そこで僕は経済を破壊した。無知で、無邪気だったのだ。

ちなみに経済が安定していた時代、僕はフィルムケースを買いまくっていた。ダンゴムシをいっぱい入れられるからね。

親の教えは「マンガをしまえ」と「努力を誇るな」

兄も僕も小学校受験をしたが、親はそれほど厳しいわけではなかった。門限も他の友達と同じくらいだし、「家で○時間は勉強しろ」みたいな決まりもなかった。僕としては、「悪いことをしなければOK」くらいの認識だった。

「マンガはしまえ」「読んだら戻せ」。これはよく怒られていた。たまに『ONE PIECE』の28巻を戻せ」等の指定が入っていたので、親も読みたかったのかもしれない。

僕は『ONE PIECE』の空島編とウォーターセブン編が大好きで、何度も読み返している。ストーリーを丸ごと読みたいから、本棚からごっそり抜いて自分の部屋に持っていく。そして部屋に散らばらせてしまう。少しお行儀よくまとめて置いているときは、ベッドの上。しかし、そこでも散らばっている。マンガがベッドを占領していて横になれない。「マンガはちゃんとしまいなさい」と怒られて当然だと我ながら思う。『ONE　PIECE』、全くひとつなぎになっていない。

そしてもうひとつ、父親から言われていたことで心に残っている言葉がある。それは「努力を誇るな」という言葉だ。

「結果が出ていないのに、努力を誇るのはよくない」という意味で言われた。おそらく勉強とか何か過程があるものについての話だったと思う。結果が出なかったときは、「こんなに頑張ったのに……」と言う前に「なぜ結果が出なかったのか」を考えろ、ということだろう。子どもの頃から、「PDCAを回せ！」というノリで育てられたのか？　意識高すぎない？

でもこの言葉は、僕の心の中に残り続けている。YouTuberになった今でも。心の片隅にこの言葉があるから、僕は必死に前に進み続けられるのかもしれない。

幼稚園の頃の『スーパーマリオブラザーズ３』がゲーム人生の始まり

ここでいったん、僕のゲームデビューの話をしておきたい。

話はさかのぼり幼稚園時代、僕が初めて触ったゲームは、ファミコン（ファミリーコンピュータ）の『スーパーマリオブラザーズ３』。１９８８年のゲームで、かなり古いものだが、かなり鉄板のゲームだ。

ゲーム好きな父方のおばあちゃんの家に、古きよきゲーム・ファミコンがあり、帰省するとゲームの周りにおっさんたちが群がってわいわい盛り上がっていた。

ゲーム画面を初めて見たときは「なんだこれ、なんか動かしてる！」とびっくりした記憶がある。幼少期の記憶が微妙な僕が覚えているということは、それほどインパクトがあったということだろう。

そこでおじさんに「僕にもちょっと触らせて！」とお願いしたのが僕のゲームデビュー。のはず。

おばあちゃんちのファミコンマリオは1と3だけだった。当時のことはよく覚えてないけれど、幼稚園児にとってはかなり難しかったんじゃないかな。

レトロゲーとしてよく話題に上る『イー・アル・カンフー』とかもあったな。なつかしいな。発売年には生まれてすらないんだけど。

そういう理由もあり、小学校で自分のゲームを手に入れるまではおばあちゃんちのファミコンのレトロゲーを、わけがわからないままやっていた。自分のゲーム機は持っていなかったけれど、でも確実に、このときから僕のゲーム人生は始まった。

このファミコン体験があったおかげで、僕は物心ついたときから今までゲームをやっていない時期が全くない。

任天堂漬け小学生の1日5時間ゲーム法

そして僕は初めて「自分のゲーム」を手にする。小学校低学年の頃だ。手に入れたゲームは、ゲームボーイの『ポケットモンスター青』。若い人は知らない人もいるかもしれないが、これは1996年発売の初代ポケモン。『ポケットモンスター赤・緑』と同じシリーズの特別版だ。

これはお下がりもお下がりで、発売年がギリ生まれたてレベルのもの。もらった当時は大ダイヤモンド・パール時代だったので、かなりのタイムラグがある。

お古でもらったそのソフトは、おそらくバグ技でトランセルとカメールがレベル100にしてあった。謎すぎる。使えるのか？

ゲームボーイのポケモンは、バグらせてレベルを上げたり、アイテムを増やしたりできるようになっていたのだ。公式技ではなく、一定の動作をしてゲームをバグらせる技。世代でない方へのご説明のために書いてみたが、僕も世代ではありません。
その次世代の『ポケットモンスター金・銀』もお下がりでもらって、かなりやり込んだ。

ゲームボーイの古いポケモンは現代のポケモンのように、気軽に通信したりネットにつないだりできない。しかも古すぎてそれをやってる友達もあんまりいない。そのため、僕は誰とも通信することなく、ただただひとりでポケモンを戦わせ続けていた。金・銀では最初のポケモンにワニノコを選び、れいとうパンチを覚えさせ、連打。あのときは「クリア」という概念すら知らず、ただただレベルを上げ続けて喜んでいた。攻略や「ゲームを進める」みたいなことの意味がわかっておらず、ただただ野良ポケモンと戦って勝って「わーい!」おいおいかわいいんじゃないの、俺。

そして小学校3年生くらいで、初めて新品で買ってもらえたのは『ゲームボーイアドバンスSP』。やっと僕の、僕だけのゲーム機を手に入れた。しかもファミコンカラーの赤と白のバージョン。めっちゃ気に入ってたな、あれ。

買ってもらったソフトはもちろんポケモン。『ルビー・サファイア』と『ファイアレッド・リーフグリーン』だ。スーパーマリオブラザーズ3からゲームが始まった僕は、大の任天堂っ子だった。というかポケモンっ子かな。

この頃はまだ、オンライン対戦の環境が整っておらず、友達とポケモンで戦うためには、通信ケーブルという古のアイテムが必要だった。通信ケーブルは、ゲーム機同士をつないで通信させるためのごっついコードだ。USBケーブルみたいなものでアナログ(?)にゲーム機同士をつなげなければ、対戦不能だったのだ。今では考えられない。

しかもそのケーブルはゲーム機には付属しておらず、別途買わなければいけないアクセサリーだったので、選ばれしものしか持っていなかった。僕は「誰も通信ケーブル持っていないなぁ」と思いつつ、まだひたすらひとりでポケモンをプレイする日々。

そして、そして、そして！　小学校高学年になりようやく！　ようやく僕も『ニンテンドーDS』を手に入れる。ワイヤレスで通信ができるようになり、公園に友達と集まり、対戦や交換を楽しんだ。

今の子どもたちは『Nintendo Switch』でおんなじことやってるよね。時代が変わっても、子どものやることは変わんねぇなぁ〜。

ちなみに当時、ゲームをやりすぎて怒られたことはもちろん……ある！　が、僕はゲームのためならどこまでも賢くなれる男であった。DSにはスリープ機能がついており、画面を閉じたらその状態のままいったんスリープ、開くとまた同じところからプレイできる。今のゲームにもある機能だが、当時は画期的だった。

「ご飯だからゲームやめなさい！」と言われたら、「はーい！」とおとなしくスリープモードにし、食卓につく。そして食べ終わったらすぐに、「ちょっとトイレ」と立ち上がり、トイレの中でゲームの続きを楽しむ。

「もう寝なさいよ」と言われたら、「はーい！」とおとなしくスリープモードにし、布団に入る。そして布団に隠れて、ゲームの続きを楽しむ。

な？　賢いだろ？　よい子のみんなは真似しないように。

親の目を盗んで1日中ゲームをやり続けていた僕は、当時の友達の誰よりもプレイ時間が長かったと胸を張って言える。学校が終わって帰ってきてから夕飯まではゲーム。夕飯後はトイレでゲーム。お風呂に入って寝るまでゲーム。そしてベッドに入ってからも……。

ここでよい子のみんなに自慢したいところは、僕はゲームを小学校には持っていっていなかったし、宿題もちゃんとやっていた。全てのことをちゃんとやった上で、他の時間全てをゲームに注いでいたのだ。多分1日5時間くらい。なのでたまに注意されはするものの、親にゲームを隠されるほど怒られたことは一度もない。

そう、やるべきことをやり、親から怒られずに1日5時間ゲームは可能なんだ！

俺が証明済みだ！

ＰＳＰ到来　モンハン来襲

そして中学時代はゲーム界のビッグバン、『モンハン（モンスターハンター）』の大流行により、僕はよりいっそうゲームに邁進することとなった。当時プレイしていたモンハンは『ＭＯＮＳＴＥＲ ＨＵＮＴＥＲ ＰＯＲＴＡＢＬＥ ２ｎｄ』。ＰＳＰというプレステ（プレイステーション）のポータブル版ゲーム機を手に入れた僕は、「ティガレックスかっけぇ〜！」と、ひたすらプレイ。

実は流行する前からモンハンのことは知っていた。ＰＳ２のソフトである『ＭＯＮＳＴＥＲ ＨＵＮＴＥＲ ２（ｄｏｓ）』。据え置き機のテレビ画面でやるモンハンをちょっと触らせてもらったことがあり、当時から面白いなぁと思っていた。

それの、ＰＳＰという携帯ゲームで、友達とどこでもプレイできるバージョンが出るらしい！　そんなんもうめっちゃ面白いに決まってるじゃん！　と嬉々として購入した。中学に入ると歳を重ねたことによりお年玉額がぐんと上がることもあり、ＰＳＰもソフトも自分で購入できたのがデカい。ありがとう親戚のみなさん。

この頃は友達との通信協力プレイも、ひとりプレイも、モンハンをひたすらやりまくっていた記憶がある。帰り道が一緒の友達と途中の駅で降り、公園で暗くなるまでモンハン。家に帰ったら「ちょっと素材集めとこうかな」とひとりでモンハン。ちなみに最初の愛用武器はガンランス、太刀、狩猟笛だ。今ではどの武器でも強いものは全部使えるようになった。

本章の最初のほうのページで言っていた「高校までエスカレーター式の小学校に入ったこと」がここできいてくる。

そう、俺には、受験勉強がなァァい!!

心ゆくまで、中学3年生の間も、卒業するまでみっちりゲームを楽しむことができたのだ。おかげでモンハンシリーズのトータルプレイ時間は1000時間を超え、学校の友達と遊び続けることができた。クラスメイトも受験がないからね。

その他にも『パタポン』や『メタルギア ソリッド』など、友達と協力プレイできるゲームを楽しむことが多かった。「友達と一緒にゲームするのが楽しい！」と完全に覚醒したのはこの頃だったと思う。

協力したり、戦ったり、どこまで進んだか競争をしたり、友達と切磋琢磨だ。青春だ。僕の青春は、ゲームでできている。

そしてその後、小学校時代のクラスメイトでもあり、ゲーム仲間でもあり、高校時代からゲーム実況者として活躍していた、きおきおと再会する。

それをきっかけに、僕の人生はさらに深くゲームと結びつくことになる。

お兄さんちのPCを借りてマイクラデビュー

めいっぱい集めた土だけで2階建て地下1階の塔もどきを作る。ドアの作り方がわからず、とりあえず窓に見える感じで壁に穴を開け、中で時を過ごしていたら、ゾンビが来る。あわあわするが、松明というアイテムの存在を知らずに、やられる。

これが初めての僕のマイクラ体験だ。定番の死に方。定番すぎ。


小学生の僕が経済をぶち壊したご近所子どもコミュニティには、様々な年齢の子どもがいて、年上のお兄さんが僕にマイクラを教えてくれた。僕が中学2年生の頃だ。お兄さんのPCにインストールされているマイクラをプレイさせてもらった。

学校から帰宅して、ご近所コミュニティに顔を出し、お兄さんの家でみんなと交代しながらマイクラをプレイ。僕はハマりにハマった。「家に帰ったらプレイできない！」

という希少性も手伝っていたのかもしれない。

そのときの建築は最初に書いた通り。かなりかんたんな、建物と呼んでいいのかわからんものを作ったり、定番のミスをしたりとそんな感じ。

その後、スマホでプレイできるポケットエディションが出たため、お兄さんの家に行くまでのつなぎのためにインストールした。


ＰＣが手に入ったのは高校生のとき。めっちゃ安いＰＣを親に頼んで買ってもらった。もちろんゲーミングＰＣなんかではなく、マイクラがギリギリ動く程度の低スペックＰＣ。でも、それでも大満足よ。だって家でマイクラできるんだもん。

ひたすらサバイバルモードで街を作って楽しんでいた。


未だにそうなのだが、僕はサバイバルモードでの建築が好き。建築モードは最初から素材が全部そろっている最強状態なので、僕としてはなんだか物足りない。

最初は何も持っていない状態から、どんどんツールや装備が強くなっていき、使える素材も増えていくのが楽しいんだ！　と、サバイバルモードを選び続けている。

おおはらMEN流マイクラ上達術

PCを買ってもらってからは、ひとりのときはずーっとひたすらマイクラ。サバイバルモードで素材を集めまくり、誰に見せるでもなく、家でひとりで建築しまくっていた。サーバーを立てる技術もないので、ひとりでひたすら。

最初よくわからん土カゴの中でゾンビにぶっ倒されていた僕は、いつのまにか腕を上げ、自分の好きな『ドラクエ（ドラゴンクエスト）』の街を並べて作り、「この街とこの街が徒歩で行けるなんて！　ルーラいらず！」とひとり感動したりしていた。ルーラとは、ドラクエのワープの呪文である。

マイクラを上達させる上でいちばん大事なポイントは「楽しむ」ことだと思ってい

る。もうね、「楽しい」は大事。上手とか下手とかどうでもよくて、とにかく楽しんで作る！　楽しめるものを作る！

予備知識を集めるのもいいのかもしれないが、「まずは作ってみる」がいちばん手っ取り早いんじゃないかな。下手くそでも、全然違ってもいいから、とりあえず作りたい建築物を作ってみる。

気に入らないところをちょっとずつ直して、本物に近づけていく作業も大事だ。「なんだこれ全然ピンと来ないぞ」と思ったら、何がピンと来ないのか本物と見比べてみる。ここを違う素材に変えてみようとか、なんかちっちゃい気がするから大きくしてみようとか、逆に削ってみるとか。いろんな方法を試しまくれるのがマイクラのいいところだ。

そう考えると、「自分の作りたいもの」を見つけるのも上達ポイントになるはずだ。「どうしてもこれに近づけたい！」という熱意がね、あると全然違うから。ハマって作れること、すげえ大事。

最初は自分の好きなマイクラ実況者の動画を観つつ真似するのもアリだと思う。好きな人が作っているものを作る、というのもハマれると思うから。僕もいろんな人の画像や動画を参考にした。

例えば「街を作る」と決めたとしても、いろいろな種類の街がある。港町もあれば、日本の街並みもあれば、フィクションの世界に出てくる街もある。なのでまず、自分が作りたくなる建築物や街並みを探して、「俺の手でこの街を作り上げてやる！」と情熱を燃やせる対象を見つけることが必要だ。

そして、それが納得できるほど再現できたときの満足感たるや。再現するために資料を集めたり、うまい人の動画を観て研究したり、勉強したり、その全てのことが報われて、もうニッコニコですよ。

とにかく「楽しんでハマって作る」が大事。テクニックは続けていれば勝手についてくる。

アクアリウムとマインクラフト

家族みんな生き物好き。最初のほうでも書いた通り、実家では猫と犬を飼っていた。この章で書いている時期とは少しずれるが、思い出したので書く。高校生から大学生前半あたりで、僕単独で、魚を飼っていた。いわゆる、アートアクアリウムというやつだ。60㎝くらいの水槽に水草や木を入れて、熱帯魚を育てていた。その中でもコリドラスという種類のナマズが好きで、餌を探すために砂をほじくる様子が愛らしく、お気に入りである。

どういうふうにしたら美しい水槽ができるか、高校生の頃にめちゃくちゃ研究した記憶がある。60㎝という限られた幅の中で、開放感を出すにはどうすればいいのか。奥行きを出すには手前に小さいものを置き、奥に大きいものを置くといい、とか。

足繁くショップに通い、「なんかいいやつがセールになってないかな？」と見て回ったり、この水草を買ったらどこに置けばいいんだろう？　と考えたり、参考になる水槽の写真を撮らせてもらったり。

アクアリウムには木を入れるパターンもあるのだが、それは手間がかかるのでやっていない。

一度、川で「これかっけぇ！」と拾ってきたいい感じの木を水槽に沈めたことはある。でも、次の日の朝起きて水槽を見てみたら、その木はプカプカと浮いていて、水槽の底からでっけぇ木が生えているみたいになっていた。

調べてみたら、拾ってきた木はかんたんには沈まないらしい。水に浮かばないように吸水させたり、その前に雑菌や害虫を排除するために煮沸消毒したりといろいろやらなければならなかったらしい。それを知って「あ、やめよ」となりました。

書いていて思ったのだが、アクアリウムとマインクラフトはちょっと似ているところがあるのかもしれない。決められた範囲のもので何かを表現するところとか。

僕は制限のある中で何かを作ることにハマりやすいのかもしれない。

Bokurano to be continued

02

第二章

オフラインの旅路

02

Bokurano to be continued

クラスメイトの幼なじみは人気実況者!?

高校入学。高校2年のクラス替えのタイミングで小学生の頃に仲がよかったきおきおと、再び同じクラスになる。この再会が、僕の人生に革命を起こすなんて、僕はまだ知らなかった——。

きおきおとは誰か、ということを念のために紹介しておく。きおきおは僕の小学生の頃の同級生であると同時に、現在では70万人以上もの登録者がいるゲーム実況者だ。そしてきおきおは、高校在学中にゲーム実況を始め、しかもチャンネルを開設してからわりと早い段階で人気が出て、高校生ながら当時の登録者数は5万人だか10万人だか。正確な数字は忘れた。すまん。

そんなきおきおと、僕はまたつるむようになる。当時は大スマホゲーム時代。僕のクラスでは『パズドラ（パズル&ドラゴンズ）』と『モンスト（モンスターストライク）』が覇権を握っており、ゲーム好きなクラスメイトのスマホにはもれなくインストールされていた。もちろん、僕も、きおきおも。

当時、ブームになっていたのは『COC（クラッシュ・オブ・クラン）』できおきおはクラスでいちばん強かった。

同じゲームを愛する僕ときおきおは、クラスのゲーム好きの一員として、ゲームを通じてさらに仲良くなっていったのである。

きおきおは実況者であることを全く隠しておらず、僕や特に仲のいいクラスメイトがきおきおの動画に出ることがあり、友人が使用しているデッキの紹介や使い方を動画にしていたのだ。顔出しなしのゲーム実況者だからこそ為せるワザ。まぁ今はもう出してるけど。

なので、僕らもきおきおに対して「ゲーム実況者だ！」と特別な目で見ることはあまりなく、むしろたまに出演し、「お前、昨日きおきおの実況出てたね」なんて会話がクラスで飛び交うような感じだった。

そのときはまだ、自分も実況者になるなんて、微塵も、夢にも思っていなかった。

死角で友達と『パズドラ』&『モンスト』!

さっきも書いたとおり、僕の高校時代は『パズドラ』『モンスト』全盛期。どちらも、ガチャで引いたモンスターを育成し、敵を倒していくタイプのゲームだ。

クラスには強い人が2〜3人いて、「ちょっと協力プレイしてください!」「この休み時間中にこの敵だけ倒して!」「国語の時間だけでいいからリーダー交換して!」「助けて!」などという会話が飛び交っていた。どちらのゲームも離れていてもオンラインで協力可能だが、クラスメイトということもあり、顔を合わせて協力してもらうことが多かった。なんなら自分のスマホごと渡して「ここクリアして!!」とお願いすることすらあったほど。

僕は『パズドラ』についてはプレイ自体はそれほどうまくなかったが、運がかなりよいタイプで、よいモンスターをたくさん持っていたのでそれはそれで重宝された。

『モンスト』はやり込んでいたため攻略を頼られることは多々あった。

……お気づきになられましたか。さらりと流したつもりでしたが、やはり気づかれてしまうものですね。そうです、僕は確かに先ほど、「国語の時間」と言いました。高校生の頃、同じクラスのゲーム仲間は、僕を含めほとんどの者がみな、授業中にゲームをやることがありました。こちらにつきましては、よい子はマネしてはいけません。引き出しの、先生からは死角になるところにコトンとスマホを載せ、なんなら通信プレイを楽しむなんてとんでもないことです。バレないように小指で操作するなんて小技もありましたね。ええ。

言い訳にならない言い訳をすると、モンストって自分が集めたいモンスターの出る時間帯が決まっていることがあり、それが授業時間と被ることもある。だから「この時間、この時間だけは！」と、スマホゲームをすることがあった。

なってない。全く言い訳になってない。絶対にマネするなよ。

親が言う「勉強しなさい」への模範的悪知恵

「ゲームをやめなさい！　勉強しなさい！」
親からそう言われたとき、みなさんはどうお答えになるだろうか。

僕の答えは一択。それは「はい！」である。

そして「はい」と言ったからには、ゲームをやめ、勉強をする。ここまでだけだと、素直ないい子である。そう、そこがポイントだ。まず親を安心させる。そしてそこから徐々に徐々にうすーいグラデーションで戻していき、もとのゲーム量にするのだ。
ゲーム漬けの毎日を過ごしている僕は、もちろん小・中・高と何度もこの言葉を言われた。その度に素直に返事をし、徐々に戻すことでゲーム量を確保してきた。

抵抗してゲーム禁止になったりしたら、由々しき事態すぎる。なので、親の言うことはちゃんと聞く。それがたくさんゲームをし続けるためのコツだ。

では、もうひとつ。「テストの点悪いんじゃないの？」。親からそう言われたとき、みなさんはどうお答えになるだろうか。

これも答えをミスるとゲーム時間が減らされる可能性がある、恐ろしい言葉である。僕はそれをどんな返事でくぐり抜け、テストの点が悪くてもゲームを続けてきたのか。

それは、「悪くはないんじゃないかな〜？」である。

テストにはかんたんなものもあれば、難しいものもある。難易度によって取れる点数はまちまちで、その点がいいか悪いかは平均点次第だ。なのでこの答えは通る。

もちろん、この言葉は本当に悪くないときにも使っていた。平均点くらいかそれ以上のときも「悪くないんじゃないかな〜？」と事実を伝えている。

だから、悪いときも「悪くないんじゃないかな〜？」と同じセリフで言い訳を通せた。「点だけ見ると悪く見えるかもしれないけど、クラスのみんなもこんなもんだったよ」と。もちろんこれはウソ！　平均点よりかなり低いときもいっぱいあった！だが僕はずっとこのセリフで逃げていた。

これは僕の学校での成績がよくはないけど激悪ではない程度だから使えた技でもある。大問題になるほど悪くなかったから、このセリフでやり過ごせたのだ。

ちなみに高校時代のテスト勉強は、みなさんのご想像どおりだと思う。いかに効率よく覚えられるかを考え抜き、それをすべて前日に為す。めちゃくちゃかっこよく言ったけど、つまり一夜漬けである。

僕は毎日の復習とか短時間をコツコツ積み上げるのは苦手なのだ。よく言うと短期集中型で、悪く言うと無計画、だね！

その分、授業中だけは集中力を発揮。ノートはきちんと取り、大事な部分にはマーカーで線を引いて赤シートで隠せるようにし、取ったノートがそのままテスト対策に使えるようにしていた。一夜漬けの準備は授業中で万全！

そしてそのノートを使い、前日にひたすら暗記するのだ。だから、テストの時間割が出る前はいつもお祈り。いかに暗記科目が均等に配置されるかが勝負で、「頼むから暗記科目の教科は別日にしてくれ……！」と神に土下座していた。いちばんやばかった組み合わせは、日本史と世界史のダブル暗記科目。覚える箇所だけで多分広辞苑作れる。

神様、最恐暗記科目は、どうか現代文とペアにしてください。

ちなみに暗記科目ではない現代文は勉強しなくても得意。おそらくマンガを読みまくっていたおかげ。ぶっつけ本番で問題文を読んで解けるくらい。

そして数学は終わっているというレベルでひどかった。なぜって、暗記がただの「前提」だから。公式を覚えてやっとスタート地点に立てて、それをうまく使わなければいけない。1年生のときは「気合いで赤点を回避する」ことしかできなかった。最後は気合い。2年生からは私文コースで数学がなくなり、僕は救われた。

未だに覚えているのが数学のテストで15分以上一生懸命計算した結果の答えが「解なし」だったこと。許せないでしょ。解がないならなぜ解かせた。あれよ、解。

私文コース・推薦組・パソコン部のトリプルパンチでゲーム三昧

高校2年で選んだコースは、推薦などで大学進学する人が3分の1以上いるようなクラス。いわゆる指定校推薦やAO入試の人が多く、僕も家から近くの大学に推薦をしてもらえそうだったので、「受験ない組」だった。

ゲームしてた記憶しかない。3年間ずっと。

一応部活にも所属していたが、電子工学系の部活。自分でPCを作り、そのPCで何か好きなことをする……という部活だ。

好きなこととは何かって？　そりゃゲームに決まってるじゃねぇか!!!

でも、学校のPCにゲームをインストールしたら怒られる。バレたらめっちゃ怒られる。実際にめっちゃ怒られてるやつがいた。その部活では、ＤｏｍｉｎｏというソフトでゲームのＢＧＭを作っていたり、同級生と雑談したり、先輩と雑談したりして優雅な放課後を過ごしていた。

といっても、その部活の雰囲気が「来たいときに来たらＯＫ」というゆるい感じだったのをいいことに、気が向いたときたまに顔を出すだけで、部活の時以外の放課後は、ほとんどクラスのゲーム仲間と遊んでいた気がする。

一般的に受験生と呼ばれる高3になってもそれは変わらず。なぜなら受験勉強がないので……。といってもクラスメイトの3分の2くらいは受験生。受験ない組も、勉強している友達を応援する雰囲気だった。ファイト！　頑張れよ！

一方で受験ない組はわりと悠長に生きていて、特に僕の周りのみんなは、いろいろなゲームをみんなでプレイしていた。特に『クラッシュ・ロワイヤル』などを一緒にやり込んだ友達5人組は、かなりゲームにのめり込んでいた。世界と戦えるなんてアツすぎるし。

モンハンみたいな、スマホゲー以外のゲームもやってたなぁ。

そういえば、そのゲーム仲間5人組にはきおきおもいるし、後にクラロワのプロになったやつもいる。そして僕もゲーム実況者だ。今考えるとすごいメンツな気がする（笑）。

僕らの中からゲームを仕事にする人間が3人も出たのは、当時すでにきおきおが実況者として活躍していた影響もあるのかもしれない。

実況者のきおきおがクラスに普通に遊び仲間としていたことで、「ゲームを仕事にすること」を、「すごい夢」や「遠い世界のこと」のようには感じなかったから。

そして時間がたっぷりあった僕は、同じく受験ない組の友達2人と、高3の12月、楽しい楽しい計画を立てる。その話は次の話から！　こうご期待！

高校卒業旅行1〜2日目

聞いてない猛ダッシュから始まる旅

僕たちは豪遊がしたかった。高校最後の思い出に、豪遊がしたかったんだ──。

高校3年生の冬、僕と友達2人の計3人で卒業旅行のようなものを決行した。

メンバーはここまで何度も話に出てきた同級生でもありゲーム実況者でもあるきおきおと、あまりにもしっかり者すぎて「会長」というあだ名がついた同級生と、僕。「せっかくだし最後に楽しく遊ぼう」ということで、卒業旅行を計画し、旅のテーマは「カニが食える旅館で豪遊する」。その予算はなんとひとり10万円。高校生の手にするお金としてはかなり高額だ。

僕はその10万円を、親への土下座という魔法で工面した。

そして僕らは旅に出る。1日目に夜行列車「ムーンライトながら」で出発し、車中泊で東京から一気に岐阜まで行き、6日目も夜行バスで車中泊をするというハードスケジュールだ。

高校の卒業旅行の予算が10万円と聞くと、高く聞こえるかもしれない。しかし7日に及ぶ旅で行き先は島根県の玉造温泉だ。交通費や宿泊費を考えると、それほど贅沢はできないことがわかるだろう。

なので僕らは玉造温泉の宿に豪遊感を全ベットして、1泊2万円で夕食にカニが出てくる宿を予約した。夜行列車「ムーンライトながら」下車後は青春18きっぷを駆使して各地の観光地をめぐり、格安ビジネスホテルに泊まりながら島根県での豪遊の宿に向かうのだ。

書き出したら記憶があふれて止まらなくなったので、この旅の思い出を思いっ切り書いてやろうと思う。レンタカーも借りられず、お金が足りなくなったらATMで引き出すこともできない。そんな高校生の不自由な旅は、今では絶対に体験できない面白さがあった。

1〜2日目。

「ムーンライトながら」は、確か夜11時台に発車、朝6時前に岐阜県の大垣駅に到着する列車だった。夜行列車だけど寝台もなく、電気も消えず、ただただ夜を切り裂きながら走る列車。

隣の席は空席だったが、指定席。誰か乗るだろうなと思い、横の席にはみださないよう、寝づらい姿勢でちょっとだけ眠った。隣の空席を使わないまま4時間を過ごしたが、結局誰もやってくることはなかった。めちゃくちゃ腰痛くなったのに。トラップだ。

そして到着。やっとこの体勢から解放される、と伸びをした瞬間、会長の声が響く。

「走れ!!!!」

そこから猛ダッシュが始まった。聞いてない聞いてない聞いてない! 聞いてないって! そう思いながらも質問する暇もなく、ガチガチの体で会長の後ろに続いて走る。朝なのに。理由もわからないまま全力疾走しながら、僕は旅の始まりを感じた。

これが青春18きっぷを駆使する旅である。まず青春18きっぷは鈍行の旅だ。地方の乗り換え駅には関東のようにしょっちゅう電車が来るとは限らない。そして、その乗り換えがうまく行かなければ、どんどんと旅行日程が遅れていく。

スケジュールが遅れるほどではなくても、同じ青春18きっぷで夜行列車に乗った人たちが一斉に乗り換える場合、次の電車は満員になり、席確保のバトルに負ければ、くたくたな体で次の目的地まで満員の鈍行で立ち続ける必要がある。

このようにして青春18きっぷは乗り換えダッシュバトルが頻発するのだ。

そのバトルに勝ったか負けたかは忘れたが、大垣駅から鈍行で3時間ほどかけて第一の観光先である奈良に向かった。

目的地は法隆寺。教科書にも載っているほどの歴史的な寺だ。さぞ賑わっているに違いないと思っていたのだが……ほぼ誰もいなかった。「ここ、かの有名な法隆寺で本当に合ってる?」と少し疑いもしたが、「まあでも、五重塔もあるし」と気を取り直して、普通に感動した。これが本物かー、と。

おそらく、ど平日だったので人が少なかったのだと思う。

そしてその後、奈良の大仏を見に行き、鹿と戯れるという奈良観光黄金ルート。鹿せんべいを食べさせるのを楽しみ、一息つこうとせんべいを上着のポケットにしまう。

——それがいけなかった。鹿が近づいてきたと思ったら、一息に僕の上着のポケットをガブリと噛んだのだ。せんべいの匂いを嗅ぎ取ったのかもしれない。せんべいはいい。許す。でも、上着のポケットにはiPodも入っていた。それごとガブリとイカれた。めちゃくちゃ焦りながら、僕は思った。

鹿って、そうなんだ。

そのとき、僕の頭の中では、幼い頃に馬に噛まれたときのことが走馬灯のように思い出されていた。干し草を手のひらに載せて差し出して食べさせるというイベントで、手ごと噛まれたあの日のことが。

馬はエサを差し出したから、食べようとした。そして勢い余って手のひらまで噛んでしまった。それは仕方がない。馬は動物だ。勢いの調整がうまく行かないこともあるだろう。

でも鹿は違う。僕はエサを差し出していない。それどころか、見えないところにしまっていたせんべいを、服ごと、ｉＰｏｄごと噛んだ。

奈良の鹿は人に慣れすぎている。いや、人を人だと思っていないように感じる。おそらく「せんべいをくれる何か」としか認識していない。せんべいそのものだと思っている可能性すらある。

「馬とは違って鹿ってなんでもするんだな」「ちょっと引くわ」。そんな感想を抱きながら、ｉＰｏｄの無事を確認した。鹿の歯型がついた手帳型ケースを見ながら、ちゃんとケースに入れておいてよかった、と心の底から思った。

その後、奈良を出発し京都に向かう。夜遅くに着き、駅地下でご飯を買い、その日の宿である格安ビジホに到着。ようやく僕らの卒業旅行の最初が終了した。

高校卒業旅行3日目

竹林の小径トイレ探し、清水寺筋トレ、そして割り箸ホールケーキ

3日目は京都観光。高校生の旅はもちろん早朝スタート。最初の目的地は京都嵐山の竹林の小径。とにかく竹林がすごい場所だ。
バスを乗り継ぎ、目的地に到着。竹林の小径はマジで竹だらけの自然あふれる場所だった。あたりには、竹以外なにもない。あたり一面竹。美しい。
そんな雄大な自然の中で、きおきおは言った。

「俺、腹壊したかもしれん……」

それから僕たちの目的は違うものになった。僕は竹林のいい写真を撮ること。会長の目的はマイナスイオン（出ていそう）を浴びること、そしてきおきおの目的はトイ

レを探すこと。

きおきおは「腹が痛い……トイレ……」とうめき続けていた。竹林の小径は「竹がきれいだね」だけを堪能する場所である。なので、道中にトイレが頻出することはなく、竹林堪能派閥の僕らも少し焦った。きおきおはかなり焦っていた。当事者なので。

そして歩きに歩いた結果、よくわからない小さな公園にたどり着き、きおきおはそのトイレにダッシュすることに成功した。きおきお、何しに来た？

僕はと言うと、めっちゃいい写真が撮れました。竹林の隙間から太陽の光が差し込み、キラキラと輝く美しい写真。最高の写真。

ど真ん中にタントというでっけぇ車が写っていることを除けば、だが。

竹林の絶景スポットに堂々とタントが駐車されており、どういう向きで撮ってもそいつが写り込んでしまうので、諦めてそのまま撮った。

竹林の小径に興味が湧いた方はぜひ「嵐山　竹林」で検索してみてほしい。そしてお時間があるならば、ぜひ「タント　車」でも検索してみてください。なんとなく、僕が撮った写真が想像できると思います。

そして次は世界文化遺産に登録されている龍安寺というお寺へ。石庭が有名な場所だ。そこがもうなんでしょうね、「これが俗に言う〝和〟か!」みたいな。和です。その石庭を見れば〝和〟とは何かがわかる。そんな石庭。僕ら3人はみんなでぼーっとその庭を眺めていた。感動していたのかもしれないし、竹林を歩いた疲れがあって休みたかったのかもしれない。

その後は金閣寺や銀閣寺といった有名なお寺を次々に回った。てくてくと散歩をしながら、写真を撮りつつ、何をするでもなくただただお寺を見た。

しかし、清水寺の本堂だけはかなりの盛り上がりを見せた。めちゃくちゃ重い鉄の棒(錫杖と言うらしい)を持ち上げてみよう! のコーナーだ。そこでは「重い!」「でも持てる!」「いや片手で行けるだろ!」と、チャレンジ大会が始まり、最終的にはその棒で筋トレを始めた。寺巡りの中では、ここが最も盛り上がった記憶がある。

金閣寺、銀閣寺、清水寺。京都旅行定番寺巡りコースだ。

……高校3年生の卒業旅行の定番コースか？

そんな疑問を抱いたみなさん。ご指摘のとおりです。京都旅の王道ではあるが、高校生旅の王道ではない。修学旅行か！　とツッコまれそうな京都観光である。

高校3年生といったら、「卒業旅行で関西方面で遊ぶ」となれば、「USJに行きたい！」が最初に出てくるものなんだろう、きっと。しかし僕らは思いつきもしなかった。今となってはそれがなぜなのかすらわからない。今思うと、そうとう渋い旅だ。

計画を立てたのは会長だ。彼は渋い。僕らに提出してきた旅の行き先リストは寺、寺、寺、だった。そして僕ときおきおも「いーじゃん！」とすぐに乗った。よいと思ったのも本当だが、「定番の卒業旅行にしたくない」という思いもあった気がするし、そもそも僕ときおきおは綿密な計画を立てることが苦手なタイプなので、有名なお寺がずらりと並ぶリストを見て、深く考えずに「いいじゃん！」と言ったおそれもある。

「これだと予算10万円くらいかな？」と言ったとき、会長は「そうだね」とあっさり言っていた。これもすごい。高校生にとって10万円は大金だ。きおきおはもしかしたらすでに実況者として稼いでいたかもしれないのでおいとくとして、僕は親へのプレゼンと土下座でなんとかギリギリ説得して10万円を得た。そんな10万円を軽く「そうだね」で流せる会長。しっかりものだから、お年玉とかしっかり貯めてたんだろうな……。

「僕ら3人のうち会長のみが計画し、会長のみがしっかりしている」。このことは、しっかりと覚えておいて欲しい。

そして旅が渋すぎると思ったみんな、安心してくれ！　僕らのこの日の年相応エピソードは夜にある。寺巡りを終えた僕らは、また夜ご飯を探しに駅地下へ。そこで僕らは、ホールケーキを購入するのである。

何でかって？　その日がクリスマスだったからだよ。

男3人でホールケーキを買い、ホテルに帰り、それを囲んで貪り食った。フォークなんてしゃれたものの準備が思い浮かばなかったのか、割り箸でホールケーキをつつき合う男子高校生3人。……やめましょうかこの話は。切なくなってきました。

別に、狙ってクリスマスに旅行したわけではない。うまいこと連休を使うにはクリスマス及びクリスマスイブを含む必要があった。そしてクリスマスに予定がある人間が誰ひとりいなかった。ただそれだけだ。

そして当日、「とりあえずケーキだけでも食うか」となっただけだ。俺らにとってクリスマスなんてそんなもんなんだよ。「連休と冬休みが重なるね、ちょうどいいね」と誰も24日25日が含まれていることになんの疑問も抱かなかった。

しかし、世の中の空気感に逆らい切れなかったのか、とりあえずホールケーキを食った。割り箸で。ただそれだけのこと。クリスマスはケーキを食う日。

僕らの旅行3日目は、「竹林のトイレ探し」「清水寺での筋トレ」「ホテルで割り箸ホールケーキ」の3本です。

ちなみに去年のクリスマス、僕は実況でカイロソフトの『名門ポケット学院2』というゲームをやり、おおはらMENという名前のキャラを作り、そのキャラがNPCから告白されるまでひたすらプレイしていた。すまん、俺はそういう人間なんだ。

高校卒業旅行4日目
どこに行っても階段がついてくる

ホールケーキを食って寝て、4日目。なんとまだ京都観光なんですねぇ。

この日最初に僕らが向かったのは伏見稲荷大社。鳥居がたくさんある写真を見たことがある人も多いだろう。あそこだ。

僕は「鳥居がたくさんある場所だよ！」と聞いていて、その景色を楽しみにしていた。逆に言うと、鳥居がたくさんある、ということしか知らなかった。

聞いてない聞いてない聞いてない！　聞いてないって！　こんなに大量の階段がついてくるなんて！　そう、伏見稲荷大社、めちゃくちゃ山。

朝ですよ？　朝9時に現場到着ですよ？「たくさんの鳥居を見ながら散歩かあ」

なんて寝ぼけまなこでぽけーっと想像していた僕も、おかげでしっかりと目が覚めた。急な坂ではないにしろ、ゆるーい坂が無限に続く場所。おいおいおい。坂や階段がずっと続くんなら言ってくれないと。僕はそういうの自分で調べないいんだから。

とはいえ鳥居がたくさんある景色はとても楽しめた。最初のほうは。

しかし、途中で僕は気付いいた。「これ、どこまで歩いても景色同じじゃん！」と。この状態に名を付けるとするなら、〝伏見慣れ〟である。そうなると残るは無限に続く階段のみである。まだ午前中なのに。疲れの影響で、後半は目の前の鳥居ではなく、ずっと足元を見ていた。とりあえず全部ちゃんと一周はしたが、今目をつむって思い出せる情景は、鳥居と階段が半々だ。もったいないね。

これから伏見稲荷大社に行く予定の方は、「めちゃくちゃ階段である」ことへの心の準備を忘れずに。特に朝いちばんはきついです。

そして伏見稲荷大社を出たら、青春18きっぷの出番。そこから鈍行を乗り継いで3

時間ほどかけて姫路城を見に行くのだ。

行ったことがある人は、すでに想像して笑いをこらえているかもしれない。

姫路城の中に入って僕は愕然とした。

また階段。また僕を待ち受けているたくさんの階段。階段の嵐。

しかも姫路城の階段は傾斜が激しく、登るのが大変だった。もう記憶としては、姫路城はデカい。公園を含めてデカい。そして階段、って感じ。

つらかったものの、しっかりと階段を登り、上からの景色を堪能して、しっかり観光して姫路城は終了。姫路で有名な「えきそば」を食べ、姫路観光はさらっと終了した。

次に向かうは広島だ。姫路から、青春18きっぷで鈍行で5時間。ひたすら雑談の旅だった。会長は僕の友達の中ではめずらしく、ゲームをしないタイプだったので、外の景色を見ながらみんなでずっと雑談。高校時代最後だというエモさもなく、将来の夢を熱く語るなどということもなく、もう何も内容を覚えていないような、くだらない雑談をずっと続けた。

覚えている会話といえば、会長の「次の駅で1時間待つよ」くらいである。驚いて「ほ、本当に?」と聞き、イエスと言われて絶望した記憶がある。会長が言うには、それが最短ルートらしかった。青春18きっぷ!　って感じ。

そしてようやく広島に到着。到着したのは夜。僕らは広島ならではのものを食べよう!　というテンションになり、広島焼きのお店に入った。

ここで、僕は最高の出合いをしてしまう。

その相手はそう、キムチだ。

広島焼きももちろんおいしかったが、もうとにかくキムチ。キムチがおいしすぎて虜になった。味が心に深く刻まれているのはキムチ。

広島まで行ってキムチ？　と思うかもしれないが、違うんだ。俺の話を聞いてくれ。

通常のキムチは白菜で作られているが、その店のキムチは広島菜という広島名産の葉物野菜を漬け込んだものだった。つまり、このキムチも立派なご当地グルメである。広島菜のキムチは歯ごたえが違う。シャキシャキの食感で、あれはおそらく白菜では再現できないだろう。とにかく美味いんだ。味も辛さもなんか違う気がする。広島焼きほど有名ではないかもしれないが、あれは広島の最強名産品だ。東京でも売ってないかな。食べたくなってきちゃった。

みんなは広島焼き、僕はキムチでお腹をいっぱいにし、その日の宿である広島の安いビジネスホテルへと向かった。

そこでちょっとしたトラブル。ベッドがダブルベッドだったのだ。1人分はソファーベッドで、2人分はダブルベッド。シングル2つではなく。予約のときにベッド3つと確認した気がしていたが、そこにはダブルベッドしかなかった。

今思えば大したことではないが、それで大盛り上がりするのが男子高校生である。

僕は体がでかいという理由でソファーベッドを勝ち取り、きおきおと会長がダブルベッドで寝ることとなった。

3日目はクリスマスに割り箸ホールケーキ、4日目はダブルベッド。昼の渋い観光とは打って変わって、夜は男子3人旅行の面白さがふんだんに詰まっていた。

高校卒業旅行5日目

「カニが食える旅館で豪遊する」ついに達成

きおきおと会長がダブルベッドから目覚めて、5日目。この日は朝から宮島へ。厳島神社などを回る予定だ。

宮島に行くと、そこには鹿がいた。2日目、ポケットごとエサとiPodをかじった、鹿が。僕は身構えた。あの日の二の舞いになるわけにはいかない。

しかし、宮島の鹿は大人しかった。エサを執拗に求めてくることもなく、ただただ座っているだけ。奈良のようなアグレッシブさはなかった。鹿に何を求めているんだって話だけど。

改めてもう一度言うが、やっぱり奈良の鹿は人間に慣れすぎているのを通り越して、もはや人間を「エサをくれる大きめの鹿」とでも思っているんじゃないだろうか。大人しい宮島の鹿たちを前にして、僕はそんなことを考えていた。

そしてそこでお昼ご飯。旅行先によくあるちょっとした食堂みたいなところに入った。メニューにはなんと「牡蠣のお刺身盛り合わせ」がある。

みんな大興奮っすよ、もう。……僕以外はね。僕はあんまり牡蠣の刺身が得意ではないので、ラーメンを食べた。どこでも食べられる、よくある醤油ラーメン。その横できおきおと会長が大盛りあがりで牡蠣の刺身を頬張っている。

はいこれ伏線です。これが後々響いてくるんですね。「牡蠣の刺身」。このワードを覚えてこの先の文章をお楽しみください。

そして僕らは嚴島神社に行き、写真を撮ったりして夕方まで観光を楽しみ、お土産にもみじ饅頭を買い、広島を飛び出す。目指すはこの旅の目的である、「カニが食える旅館で豪遊する」を達成するための、玉造温泉だ。

電車に揺られに揺られて宿のある島根県に到着。今まで泊まったビジネスホテルとは全く違う豪華さ。温泉もある。

そこでとうとう最高の夕食の時間がやってくる。ごちそうだ。晩餐だ。この旅の最高潮タイムがやってきた。

ズワイガニがドーーーーーーーーン!! 待ってました!!! カニ丸々1匹!

カニ好きしかいない3人のテンションはだだ上がり。今までの夕食は駅地下で買ったものだったり、ふらりと入ったお店だったり、ご当地ものはあれど豪華さはそれほどなかったので、このカニがいちばん「旅で素敵なものを食った!」と思える食事だった。

ちなみに布団もふかふかで。何から何まで豪華な1日だった。いいところに泊まらせていただきました。お父さん、お母さん、ありがとう。

朝から晩まで動きっぱなし、夜は安いビジホで寝る毎日だったので、「ようやくゆっくり休める日」という感覚もあった。

みんなで「ズワイガニ最高だった」「無事目標達成！」「クリアしたなぁ」「明日が最後の最後の観光だね」「島根から鳥取砂丘に行くんだよね」「それが終わったら夜行バスで東京まで……」「もう終わっちゃうのかぁ」なんて話をしながら、ふかふかの布団にくるまれて眠った。

次の日に何が起こるか、僕らはまだ知らない。

高校卒業旅行6日目

会長の離脱による

鳥取イオン2時間耐久メダルゲーム

旅行6日目。会長が発熱いたしました。

「申し訳ないけど僕は最後まで旅できない」とのこと。

確かにこのまま観光に連れて行くと、下手したら死んでしまうんじゃないかというほど、体調が悪そうだった。ここでやむなく会長離脱です。彼は一足先に、ひとりで新幹線で東京へ帰るという判断になりました。彼はなぜか僕らのことをひどく心配していたけれど、「頼むから安心して帰ってくれ」と伝えた。

島根に取り残されるきおきおと僕。3日目のところで書いたように、この旅行計画を立てたのは会長だ。行く場所を決めるだけではなく、綿密なスケジュール作りもしてくれており、乗り換えの指示、走る指示、待つ指示、すべて彼が出していた。

体調の悪い会長からその後のスケジュールを引き継ぎしてもらうことは難しく、僕ときおきおのノープラン組に、「2人の力だけで鳥取砂丘を見に行く」という突然のミッションが与えられた。


我々なりにとりあえず鳥取に向かえばいいんじゃね？ という話になり、とりあえず宿を出てバス停へと向かった。しかし、計画性のない都会の高校生2人である。「最寄り駅までは歩いていけるっしょ」とノリで出発。

これが完全に失敗だった。駅まで徒歩でなんと1時間もかかった。駅、めちゃめちゃ遠いところにある。おそらく会長の計画では、もっと速く移動できる何らかの手段を使うことになっていたのだろう。絶対に徒歩ではなかったはずだ。それを知らない僕たちは予定より大幅に遅れて鳥取駅に到着することになった。

ちゃんと鳥取に着いたのはよかったが、「砂丘に行く時間はギリギリないけど、夜行バスまでには時間がありすぎる」という中途半端な状態に陥ってしまった。

砂丘に行けなくはない時間ではあった。けれど、砂丘はチラ見する時間しかなく、さらに移動の往復がノーミスじゃないとクリアできない、鳥取砂丘RTA。鳥取に着くまでに大ミスをかました僕らには、もちろんその自信はなかった。

どうしようかと話し合った結果、鳥取駅最寄りのイオンでメダルゲームをして時間を潰そう、ということになった。しかもイオンの2階あたりにある、キッズコーナーのメダルゲームである。何も考えていない男2人の頭では、時間を潰す＝メダルゲームくらいしか出てこなかったのだ。

会長の離脱が痛すぎる。昨日までの濃密な旅は、すべて彼のおかげで作り上げられたものだった。ありがとう、会長。僕らは今、なぜかメダルゲームをしています。鳥取という遠い地で、メダルゲームで頑張って時間を潰しています。

そう、僕らは会長に頼りすぎていた。そのせいで、なんだこれ東京でもやれるじゃねーか！　という時間を生んでしまった。

2時間必死にメダルゲームで時間を潰したが、さすがに飽きてしまった。夜行バスまでは残り1時間。腹ごしらえでもするかとイオンを出たが、どこに行っていいかわからない。夜行バスには絶対乗り遅れてはいけないと考えると動くのが恐ろしく、やむなしで駅近くのミスタードーナツへ。そこで担々麺を1時間かけて食べた。

そして僕らはしっかりと夜行バスに乗った。そのミッションだけは僕たち2人でもクリアできて、本当に安心した。そこから10時間以上バスに揺られることになるのだけど、そんなことはいいんだ。夜行バスに乗れたんだから。

次の日の朝に東京に到着し、波乱だらけの卒業旅行は終了した。

ちなみに僕はそのまま祖母の家に行くというミッションがあり、早朝に東京に到着した後、きおきおと別れてそのまま福島へと向かった。ひとりで福島まで向かう電車の中でLINEがなった。開くとそれはきおきおからで、開いてみると画面には以下のメッセージが。


「多分牡蠣、あたったわ」


そうです。あのとき覚えていただいた「牡蠣の刺身」です。このとき彼はノロウイルス感染症並みに吐いていたらしい。そういえば会長も「お腹が痛い」と言っていた。

牡蠣を食べた組、どちらもダウン。醤油ラーメンによって牡蠣トラップを避けた僕だけが元気だ。2人とも牡蠣のせいだろう。はい、伏線回収！

もう10年近く前の話なのに、こんなにいろいろなことが妙に記憶に残っている。ってことは、すごく楽しかったんだろうなぁ。

大人になってからの旅であればきっと、こんなにハプニングだらけにはならない。少なくとも、最後の宿から最寄りの駅まではタクシーを使う。でも当時の僕らは、タクシー移動を思いついたとしても「予算が！」と言って徒歩を選ぶと思う。

ここまで限られたリソースの中での旅は、おそらくもう経験できない。僕らが高校生で、大人がいない旅だったからこそ、ハプニングだらけで、大変で、でもそれが楽しかった。きっと今の僕であれば予算が足りなくなればATMでお金を下ろすし、タクシーだってレンタカーだって使う。お金も免許もないせいで、それができない旅。

高校生にとっての10万円は大金だったが、だからこそ価値がある旅だった。大人になった僕らが10万円旅を計画したら、当時とは全く違うものになる気がする。

いつかもし、僕が「卒業旅行に行きたいからお金ください！」と言われる立場になったら、10万円渡してやりたいな、と思う。

Bokurano to be continued

03

第三章

分岐点ではセーブしたい

03

Bokurano to be continued

大学をゲームのように攻略していくぅ！

高校を卒業した僕は、推薦入学で大学に入った。学部は経済学部。成績は高校時代に引き続き可もなく不可もない状態。トップではないけど、単位は落とさない……みたいな成績。おかげさまで留年せずストレートで卒業したし、4年間で落とした単位は4単位だった。

大学生活は、ゲームみたいだった。特にここらへん。

①比較的楽に単位が取れそうな授業についての情報収集。
②「これだけやっていれば単位はクリアできるだろう」というポイント探し。
③共通項のある授業を探して、勉強効率を上げる。

どうだろう、なんとなくゲーム感覚でできそうな気がしないだろうか。僕はわりと「お、これゲームだぞ」と思っていた。

③について具体例をあげると、都市経済学とマクロ経済学は、結構共通している部分がある。その2つの授業を同時に取ることで、勉強の負担を減らすのだ。かなり意図的に、うまく授業を組んでいたと自分でも思う。

文系だということもあるかもしれないが、僕は大学卒業までの道のりをゲームに見立て、「攻略」を目指していたので、勉強はそんなに負担にならなかった。

ただひとつ、大学生の単位攻略においてかなり重要な項目「④テストの過去問を手に入れる」だけはうまく行かなかった。これは同じ授業を過去に取っていた先輩から過去のテスト問題をもらうというもので、古来から伝わる強いテスト勉強対策だ。

その〝先輩〟はサークルや部活で探すのがセオリー。もちろん僕も、大学生活を謳歌するべく、サークルには所属していた。

僕の入っていたサークルは、不定期に集まるゲームサークルだった。部室がもらえているような大サークルではなかったため、結局ほとんどの集まりはオンライン。やることはゲーム。つまり「家からサークル仲間とオンラインゲームをやっている」というのが活動で、「なんかいつも一緒にゲームしてるな〜」というゆるやかなつながりしかなかった。もちろん「サークルで忙しい！」なんてことは全くない。やっていることは高校の頃と同じで「家でゲームをやっている」状態。

活動やつながりがゆるいことに加え、そこにはしっかりした人間がいなかった。活動はオンラインだし、ＰＤＦなんかで過去問をもらえるかなと思っていたが、何と誰も過去問を持っていなかったのだ。

結局これはどうしようもなく、授業中に頑張ってＷｏｒｄに打ち込んだノートと、もらったプリントをまとめて、テストを凌ぐこととなった。

余談だけれど、当時はまだ紙のルーズリーフやノートに手書きする人が多い時代。授業にタブレットを持ち込む学生は１〜２人くらいしかいなかった。ズボラな僕は

「ノート持ち歩くの重いしめんどくせえ！」とｉＰａｄのみを持ち、Ｗｏｒｄでノートを取っていた。今はもうＰＣやｉＰａｄが主流らしいですね。いい時代になったもんだ。

「もらったプリントに書き込む」という動作が必要になることもあったため、１本だけはペンを持ち歩いていたけど。黒と赤がセットになってるやつね。

授業もテストもノートもとにかく効率派だった僕。そのかいもあってか、たった４単位を落としただけで、卒業できた。

大学での勉強に「ゲーム性」を見つけられたのがわりと大きいような大きくないような……。どうせやるんだったら、できるだけ楽しく、楽なほうがいいもんな。

攻略だの効率だのズボラだの言っているけれど、結局は経済について、そこそこしっかり勉強していたなと思う。それはなぜか。

そのときの僕は、卒業後に就きたい職業が「国家公務員」だったからだ。

公務員を目指した大学生活

年齢を重ねるにつれて、職に就くことが「将来の夢」から「現実」に変化していく。つまり「仮面ライダーになりたい！」みたいなものから「公務員を目指す」に変化するということだ。そして僕も同じように公務員になろうと思っていた。高校時代から、僕の将来の夢は公務員。

目指していたのは国家公務員、農林水産省。理由は単純で、父が農林水産省に勤めていて、ずっと話を聞いていたからだ。なんか面白そうなことをやってるな、と思いながら父の仕事の話を聞くのが好きだった。

父親が尊敬できる存在だったことも大きい。まず、大きい文句を抱えたことがない。

本当に「立派」という言葉が似合う父だった。国家公務員としてしっかり働きながら、家族を大切にし、旅行に行ったり好きなことをしたりとプライベートも満喫し……。子どもの目から見ても「いいなぁ」「こんな大人になりたいなぁ」と思えるような生き方をしていた。

そしてもうひとつの理由は、響きだ。「国家公務員」という響きはカッコいい。これは理屈で言うと小学生の頃の「仮面ライダーになりたい！」と同じ理由だ。だって「国家」だぜ？　カッコいいだろ普通に。

そんな理由で、大学に入りたての頃は完全に「国家公務員」に就職先を絞っていた。「農業経済学」という講義も取っていたし、完全にターゲットは農林水産省。

でも、思い返すと、将来何になるかについては、あんまり深く考えていなかったような気もする。「俺は国家公務員になるぜ！」と火が付いた出来事もなく、他の職業について考えたこともあまりなかったように思う。頭空っぽだったのかもしれないな、マジで。

身近にいる父親の仕事がよさそうだったのでそれ、という決め方。高校時代、身近にいる大人は両親と教師くらいだ。父の農林水産省と教師なら、農林水産省かなぁ？みたいな。

あと、当時の僕がどちらかといえば「安定を取りたい派」だったこともある。今まですっと可もなく不可もなく生きてきて、飛び抜けていいことも悪いこともなかった。その人生で満足していたから。

だから、公務員は僕の人生に合うような気もしていた。

ゼミでの研究は「フランスのアクアリウム産業」

大学生には後半からゼミというものがある。普通の授業とは違い、学生が研究したり、発表したり、活発に動く感じをイメージしていただけるとわかりやすい。

僕は今までの流れどおり、ゆるいところを選択しているのだけど、決め手はゼミの教授だった。1年生の頃、授業でお世話になったことがあり、話しやすくて授業も面白く、自分と合うなぁと思った教授だ。

ジャンルはざっくり言うとフランス。経済や観光、ジェンダー等、フランスの社会の何かにフォーカスするゼミだ。フランス語なんてさっぱりだし、フランスにすごく興味があったわけではなかったけれど、教授に惹かれて（ゆるいと聞いていたのも理由のひとつではあるが）、そのゼミに入ることを決めた。

中間のレポートも、卒論も、フランスに関わっていればテーマは自由。その中で、それぞれの学生が調べたいことを決め、各々がレポートにまとめ、発表するというスタイルだった。

僕が選んだテーマは「フランスのアクアリウム産業」。自分の趣味とつなげれば、研究も楽しいだろうと思ったから。

アクアリウム産業について、日本とフランスを比較したり、逆に欧米諸国ではどうなのかをまとめてみたり、そもそも知らない人もいそうなので「アクアリウムとはなんぞや？」から始めてみたり。

こんな感じで、大学は好きなことを好きなように学べて楽しかった。自分の「楽しい」や「好き」とつなげられると、勉強ってこんなに楽しいんだ！　と思えた。

僕が「興味ないなぁ」と思いながら一生懸命なんとか勉強したのは、高校の数学が最後かもしれない。ってことは高1でラストか。いい人生送ってんな、俺！

きおきおの手伝いを始めたら
YouTuberがいっぱい！

大学は休み時間や、授業の入っていない時間帯が暇だ。そんなとき僕は、大学の近くに住んでいる友達の家に行っていた。1年生のときにゼミ体験の授業で出会って友達になったやつだ。

昼休みはその友達の家に行き、ひたすらしゃべっていた。しかし、大学3年くらいで授業が全く被らなくなり、そのまま疎遠になってしまった。残念。

大学の思い出は、勉強と、サークルと、この友達の家くらい。正直に言うと僕は「いったん大学出とくか」くらいのノリで入学していたので、仕方ない。

でも、「大学時代」の思い出となると、話が変わってくる。大学生になった僕は、実況スタッフとして、きおきおの手伝いを始めたのだ。カメラマンをやったり、アイデア出しをしたり、マネージャー的なことをしたり、ときには演者として出演したり。

当時きおきおの家は「きおきおハウス」と呼ばれて、常にＹｏｕＴｕｂｅｒやプロゲーマーが2～3人はいるようなたまり場になっており、スタッフであり友達でもあった僕も当然その家に出入りしていたし、たまっていた。それ以外の場所でも、スタッフとしてきおきおに同行していると、ＹｏｕＴｕｂｅｒの方にお会いする機会も多く、顔なじみになる人もいた。ドズぼんの2人との初めての出会いもスタッフ時代で、クラロワの大会のときだった。

実況を手伝い、ＹｏｕＴｕｂｅｒと関わっていくうちに、「面白そう！」とは思った。それでも、途中までは僕の将来の夢は公務員のまま。

国家公務員試験の勉強をしながら、きおきおのスタッフとしてアルバイト感覚で働いていた。

御徒町はなまるうどんの決断

周りが就職に向けてインターンを始める大学3年生。僕はきおきおのスタッフとして働いていて、「動画制作って面白いな」と思い続けていた。

当時、きおきおのチャンネルにたまに演者として出てはいたが、僕は福神漬け。きおきおはカレー。カレーは単品でも成り立つけど、福神漬けがあったらうれしいな、みたいなポジションで、到底メインをはれるような力はなかった。

自分はメインコンテンツにはなり得ない。

そう思っていたから、国家公務員になるという目標を手放すことはなかった。

転機はその夏に訪れる。きおきおから「ＹｏｕＴｕｂｅを本気でやってみないか」と真剣に切り出されたのだ。御徒町のはなまるうどんで。おろしぶっかけを食べながら。あれ、安くて美味いんだよね。

覚えている限りだと、きおきおの提案は「本格的にきおきおチャンネルの演者にならないか」というものだった。そのときは、スタッフとして動きながら、必要があれば声だけ入れたりちょこっと出たりするプチ演者をすることがたまにある程度。そうではなく、きおきおチャンネルの1キャラクターとして演者を一緒にやらないか、と言われたのだ。

そのときまでは自分は国家公務員になるか、そうでなくても一般企業で働くものだと思っていた。ＹｏｕＴｕｂｅのことは「面白そうだな～」と見つめていただけだった。けれど、そのときおきおが真剣に話してくれたことで、実況者という道について、初めてちゃんと考えてみることができた。ありがたい話だ。

そのときにきおきおは「1キャラクターとして出るなら、自分だけのチャンネルも作ったほうがいい」とも言ってくれた。これが完全に後押しになり、僕は自分のチャンネルを作ることになる。これが僕の人生を完全に変えた。

「二足のわらじ」は僕にはどうも向いていない。どっちもやっちゃうと、どっちにも身が入らなくなる。なので僕は、自分の動画を初投稿したときに、「こっちで行くぞ」と決め、国家公務員試験の勉強をやめた。

軌道に乗ってからではなく、まだ伸びるかどうかもわからない、個人チャンネルで1本目の動画を作ったときに、だ。

「面白そう」に賭けたくなった。そう言えばカッコいいかもしれない。

でも本当に、そのときの僕は「面白そう」に引っかかっちゃったのだ。

実のところ、当時の僕は一本に絞ったとはいえ、まだ心の中には保険として「うまく行かなくても、このことを就活の面接で話せばなんとかなるだろう」「そこからもう一度、国家公務員試験の勉強をすれば間に合うかもしれない」という考えも持っていた。登録者数の多いＹｏｕＴｕｂｅｒの実況を手伝い、実際に活動もさせてもらって勉強していたことは、「ＳＮＳに特化した人材」として強みになるだろう、と。

結局その手は使わずに済み、僕は今もあの頃と地続きでゲーム実況を仕事にすることができている。それは、思ったよりも早く軌道に乗ったこともあるが、やはり第一は、面白かったからだ。「面白い」に勝るものなし。これは僕の人生であんまりブレたことのない軸かもしれない。

実は、あのとき、はなまるうどんで、なぜきおきおが誘ってくれたのか、僕は知らない。単にＹｏｕＴｕｂｅのことを話せる友達が欲しかったのかもしれないし、もしかしたら僕のことをＹｏｕＴｕｂｅｒに向いていると思ってくれていたのかもしれない。向いてると思ってくれてたのかなぁ。もしそうだったら嬉しいなぁ。

公務員か、ゲーム実況者か

公務員とＹｏｕＴｕｂｅ、どちらの道を選ぶか。もちろん、全く悩まなかったわけではない。人生でいちばん悩んだのはいつかと聞かれれば、きっとこの時期だ。

だが公務員とゲーム実況者の二択については実はそれほど悩んでいない。すぐにＹｏｕＴｕｂｅ確定。決断が速すぎると心配されそうだが、僕の性格上それは仕方ない。

僕は、迷ったときに、5分悩むのも10時間悩むのも一緒だと思っている。

なにかの本で読んだことがあるのだけど、悩んでいるときって、実は最初から答えが決まっていることが多いらしい。じゃあなぜ長く悩むのかというと、人間は後押ししてもらいたい生き物で、その後押しが来るのを待っていたいから。悩むことで時間を稼いでいるのだ。そうでないパターンもあるだろうけど、僕にはこの定義がしっくり来ているので、採用している。

5分悩むのも10時間悩むのも一緒なら、「やりたいことはやりたい！」とパッと決めてしまうほうが、僕の性には合っている。

迷うときって誰しも「やる理由」と「止める理由」を考えると思うけど、箇条書きにしたら「やる理由」のほうが面白そうなことがいっぱいあるでしょ。じゃあやりたい！　やるぞ！　やってみなきゃわかんないからな！　って僕はそういうノリ。

やりたいことはいったんやってみる、を重要視している面もある。もしダメだったら止めればいいし、心配なら僕みたいに「公務員試験勉強を再開して公務員になる」みたいな別の道を保険に置いといてもいいと思う。

悩もうが悩むまいが、決断にどれだけ時間をかけようが、結局は選んだ道をどれだけちゃんとやれるかだ。悩んでもいいけど、決めたらやり切るしかない。

昔の俺よ、200回再生は立派だ！

チャンネルを立ち上げてみたものの、何を動画にするか全く決まっていなかった。

当時の僕はまだ福神漬け。きおきおカレーの横にいる漬物。悩んだ結果、福神漬けらしく行こうじゃないかと、クラロワとブロスタの動画をUPすることにした。

きおきおチャンネルにも演者として出ていたので、きおきおと同じタイトルをプレイするのがいちばん人が入ってきやすいかな？　という考えもあり、下手なりにクラロワとブロスタをプレイしてそれを動画にすることに決めたのだ。

そして2019年3月20日に、動画を初投稿した。こんなに明確に日時が言えるのは、鮮明に心に残っているから……ではなく、今、自分の動画一覧を古い順に並べ替えて確認したからだ。僕の記憶力はそんなによくありません！

最初の動画で人生の選択を変えた。前のページで僕は確かにそう言った。けれど、その最初の動画は実は、ｉＰｈｏｎｅの画面録画で撮ったゲーム映像と周りの音声をそのままＵＰしただけのもの。あれです。ｉＰｈｏｎｅの上だか下だかをシュッとすると出てくる丸いあれ。知ってる？　あれ長押しすると周りの音声も録れるようになるの。ｉＰｈｏｎｅの通話用マイクで音声も録れるんだよ。すごいよね。

初動画はその画面録画機能だけで作成。編集と呼べるものはなし。人生を賭けるにしては、あまりにもあっさりしている。

『【クラロワ】記念すべき初投稿にきおきおにガチバトルを挑む男』というタイトルのその初動画は、きおきおと僕が真正面に座り、その真ん中に僕のスマホを置き、ただゲームをプレイするだけ、という形で撮影されている。ＰＣもカメラもマイクもない。ｉＰｈｏｎｅ1台。よかったら観てみて欲しい。意外とわかんないから。

なぜそんな動画だったのかと言うと、編集できるほどのＰＣを持っていなかったからだ。高校時代に親に頼み込んで買ってもらった激安PCはギリギリマイクラが動作するレベルで、動画を編集するスペックはなかった。途中で大学用iPadでカット編集だけは入れられるようになり、少しだけ見やすくなったが、ほぼ編集なし。

そんな編集環境だったにもかかわらず、僕は勇猛果敢だった。

きおきおハウスに行くと、入り浸っている顔見知りのYouTuberさんやプロゲーマーさんに、その場で「今今！ ちょっと撮ってほしい！ 1本だけ！ 1本だけ！」と頼んでコラボしてもらったり。年が近くて普通に仲良くなっていた人ばかりだったので、僕が「はい、録画開始！」と机の上にiPhoneを置くと、快くノリよく撮影に応じてくれる人ばかりだった。マジで優しい。感謝があふれて止まりません。この場で再度お礼申し上げます。

そうやって撮った動画の再生数は全く安定せず。200回の動画もあれば、コラボ相手のパワーで突然5000回を超えたり、その後すぐ800回になったりと波がすごかった。

周りの人に恵まれたおかげで、ある程度認知がある状態でスタートできた。始めての頃はチャンネル開設しましたとか、初動画ですとか言うと注目してもらえたし、見に来てくれる人は多かった。

けれど、ある程度経つとご祝儀再生みたいなものはされなくなる。僕の動画を観て、好きだと思ってくれた人しか残らない。再生回数はどんどん落ち着いていく。そんな中で、好きになってくれる人を増やしながら登っていくのが難しかった。

その中で、いちばん再生回数が少なかったのが200回。

ブロスタの動画で、ゲームのチョイスは悪くなかった。自分の非力さが悔しくて、「本気でちゃんとやらないと難しいな」と感じた。それまでももちろん本気だったけれど、より一層。

そういえば、きおきおのチャンネルにある昔の実写動画で、軌道に乗りかけているときの僕が「200回再生とかあった」と、強がって笑っていたけれど……。「200回再生は立派だよ」って当時の僕に言ってあげたい。

あれが、ちゃんと今につながってる。

ゲームをした収益でゲームが買える！

好調な滑り出しとは言い切れなかったＹｏｕＴｕｂｅデビュー。しかし、手応えがあろうとなかろうと、ＹｏｕＴｕｂｅは面白い。楽しい。嬉しい。

まず、自分が作った動画を観てくれる人がいて、反響がある。その数が少なかろうが、かなり嬉しいものだ。

そしてＹｏｕＴｕｂｅはシミュレーションゲームっぽい。なんにでもゲーム性を見出してしまう僕にとって、ＹｏｕＴｕｂｅも例外ではなかった。この「ちょっと俯瞰でゲームとして見る」という感覚は、結構アリなんじゃないかと思う。

まずＹｏｕＴｕｂｅはすべて数字や情報が出てくる。再生数、登録者数、視聴者の年齢層、性別。それだけでなく「この動画で何人チャンネル登録してくれたか」のような細かい情報まで開示してくれる。それを見ながら、自分を好きになってくれる人がたくさん来てくれるようにプレイするシミュレーションゲーム。

ときおきおのチャンネルで企画出しも手伝っていたこともあり、基礎知識があったこともよかったと思う。おかげで、攻略の糸口は頑張ればつかめるぞ、と希望を持てていたから、ゲーム感覚でやれていたのかもしれない。

ゲーム実況者。それは僕にとって本当に本当に好きなことだけをしている状態。大好きなゲームをプレイしたものを投稿し、大好きなゲームのようにチャンネルを運営していく。それがじわじわとでも、結果につながっていくのが面白かった。

何よりＹｏｕＴｕｂｅは結果がすぐわかるのがいい。当時、僕はまだ大学生。もし、自分の希望する企業に向かって就職活動をしていたら、その結果がわかるのは筆記試験や何度も行われる面接を経たあと。かなり時間がかかる。国家公務員でたとえるならば、高３から目指していたとすると、結果は４年以上先にしか出ないことになる。

でもYouTubeは動画をポンと上げたら、すぐにポンと結果が返ってくる。それが自分の性に合っていた。

数字の話で言うと、初めて収益を振り込まれたときの喜びは、今でも覚えている。

「ゲームをした収益でゲーム1本買えるじゃん!!!」

これはすごい話です。大好きなゲームをやれば、大好きなゲームが買えるんです。最強の永久機関が生み出されてしまったのでは……? 僕の「なんか面白れ~」は最高潮。やりがいを感じ、ますますやる気が出た。

収益がたったそれだけでここまで面白がれる僕は、きっと実況者に向いている性格なんだろうなと思う。当時は実家暮らしの大学4年生で、生活費を自分で稼ぐ必要がまだなかった、というのも喜べた理由のひとつだろうけど。

僕が得しかしないきおきおの優しすぎるドッキリ

やりがいややる気が出てきても、お金は湧いて出てこない。

その後も僕にPCを買うほどのお金はなく、iPhoneとiPadで動画を作り続けていた。iPhoneの画面録画（音声入り）とかんたんなカット。それだけで毎日投稿している時期もあった。今考えるととんでもなく頑張ってんなぁ。スマホゲー以外のゲーム動画を作る際には、きおきおにPCを借りたりなんかして。

そんなある日、登録者数40万人を超えたきおきおが、記念に僕にドッキリを仕掛ける。動画タイトルは『【彼女公開】本気のプレゼントします』。だが、もちろん彼女は公開されない。プレゼントを受け取るのはそう、僕だった。

きおきおハウスでだらだらしている時間にカメラが仕掛けられる。そこで僕は「明日の動画編集終わってねぇな」なんてことを言いながらスマホを触っていた。

そんな僕にきおきおが、「なにか欲しいものない？」と聞いてくる。腹が減っていた僕は「ラーメン」と答えた。そして畳み掛けるように「腹減らない？」と聞く。仕方ない。僕はカメラが回っているなんて気づいていないのだから。

その後も「目覚ましが欲しい」などと言い、物欲のなさを発揮する僕。

そこにきおきおが「アメリカ土産だ」と大きな箱を持ってくる。きおきお曰く、「空輸したパンケーキ」だそうだ。しかしそれにしては箱が重い。重すぎる。しかも箱にはバッテリーマークがついたシールまで貼ってある。

「絶対パンケーキと違うだろ」と笑いながらその箱を眺める僕。「開けてみ」と促されるが、僕は疑い続ける。「わかってるよ、中身レンガでしょ（笑）」と謎の読みを働かせる僕。

なかなか箱を開けない僕に「ＹｏｕＴｕｂｅちゃんと始めるんでしょ？　だから

俺からのプレゼント」と言うきおきお。

段ボールを開けると、中からMacBook Proの箱が現れた。優しい、優しすぎる。

「いや、俺はまだレンガの線疑ってるよ」、「それとも砂?」とまだ信じない僕。

でもその箱の中から出てきたのは本物のMacBook Proだった。確証なしだが、いいパソコンだったのは確か。

普通によいPCをもらうだけのドッキリ。僕が得するだけのドッキリだ。

僕は「ありがとうございました」と改まった口調で頭を下げた。そのときの僕ではとても買えないスペックのPC。きおきおは本当にいいやつだ。周りの人に尽くすし、優しい。

彼のおかげで、編集環境がぐっと整った僕は、どんどんYouTubeの世界に没頭していくことになる。

伸びどきに
いきなり毎日投稿が終わった理由

学生として忙しかった夏が終わり、僕はまた毎日投稿をスタート。クラロワや『スーパーマリオメーカー』に加え、「知識だけはある!!」とマイクラ初心者向け動画を作り始めた。

ちょうどその頃、「ドズぼんワールド」というドズルさんとぼんじゅうるさんのマイクラサーバーがあり、僕はそこの住人にしてもらっていた。

そこは、ドズルさんとぼんじゅうるさんが初めてのサバイバルをするワールド。初心者のお2人に、昔からマイクラをやり込んでいる僕が知識を提供するという感じで呼んでいただけた。

もともときおきおクラロワつながりで知り合いではあった2人。そのドズぼん周りでマイクラをやり込んでいる人がたまたま僕だった、というのはラッキーだった。

そして、ドズぼんワールドでの建築を動画にして自分のチャンネルにＵＰしてみたら、アツい手応え！　ただただマジで作っている様子をＵＰしたところ、ドズぼんファンのみなさんだけでなく、マイクラ好きにも観てもらえるようになった。

そこから僕は、他の動画も出しつつではあるがマイクラにシフトしていき、毎日投稿のかいもあって反響も大きくなっていった。

そしてこのときにはもう、「自分の視聴者がいる」という感覚も少し芽生え始めていた。脱・福神漬け。

しかしある日突然、動画投稿の頻度がガクンと下がってしまう。それまでは週に２～３本、最低でも１本は上がっていた動画が１本も上がらなくなった。なぜか。

その理由は、『ポケットモンスター　ソード・シールド』、俗に言う「剣盾」が発売されたからである。

もうね、剣盾がおもろすぎた。ハマりすぎて、1か月ほどYouTubeをほったらかしにし、毎日投稿ならぬ毎日剣盾。

せっかく自分の動画が伸び始めて、ここが書き入れ時だ！　というときに、動画にしない剣盾をアホみたいにやる僕。我ながらばかだなぁと笑ってしまう。「剣盾おもれ〜」という感情のみで動く、頭空っぽ状態。ポケモンが面白すぎるとはいえ、未熟。

「あれ？　よく考えたら最近動画上がってなくない？」

それから1か月以上経過した年明け、やっと僕は気づいた。うん、アホだね。

ポケモンに夢中すぎて、頭に動画更新の頻度情報を入れるスペースがなかったのか？　それとも本当に頭が空っぽなのか？　それは神のみぞ知る、である。

そこから大慌てで投稿頻度をもとに戻した。あんな大チャンスタイミングを逃した僕。でも仕方ない。だって僕はよくも悪くも「おもしれ〜」に負けてしまう男なのだ。

今までの人生、ずっと僕は「面白い」には負け続け。だから人生楽しいんだけどね。

04

Bokurano to be continued

第四章

僕らはいつも容量不足

04

Bokurano to be continued

気合いパッションで引っ越し

大学を卒業する年になった。卒業と同時にひとり暮らしをするべく、卒論と同時進行で部屋探しを始めた。本格的にＹｏｕＴｕｂｅで活動するため、環境を整えようと考えたのだ。実家で実況なんかすると騒音問題になり得る。

引っ越しは「俺はＹｏｕＴｕｂｅでやっていく」という決意表明だった。

そこで親にもすべてを話した。国家公務員でなくＹｏｕＴｕｂｅをやります、今ＹｏｕＴｕｂｅでこれだけの収益が出ています、こういうところに住むつもりです、と。そして、1回やらせてもらってダメだったとしたら、そこから公務員試験の勉強を再開して国家公務員も目指せます、とも言った。母親は驚いてひっくり返っていた。

両親からの反対は特になかった。大学時代きおきおの手伝いをずっとしていたことを知っていたのも大きいだろう。楽しそうにＹｏｕＴｕｂｅで活動する僕を見て「もしかしたら……」と考えていたのかもしれない。といっても激烈に応援してくれるというわけでもなく、２人からの反応は「まあやってみたら」みたいな感じだった。

そして父からは「そんなところに住めないだろう」とも言われた。赤裸々に話すと、僕が住むと伝えた物件は家賃月８万円。

実況環境を整えるための広さや実況時の騒音対策など、実況のための条件がかなりあり、８万円より安いところは見つからなかった。

「無理なんじゃないか」と言う父親に対して、僕は力いっぱい頭を下げて「頑張ります！」と返した。

「大丈夫です！」「頑張ります！」「行けます！」。パッションで押し切る俺。そう、ここまできたらパッションしかない。だって、冷静に見たら「無理なんじゃないか」が、正しいに決まっている。

でもそのときの僕は謎の自信に満ちあふれていた。「やれます！」「やらせてくださ
い！」の気合いで押し切り、僕は無事８万円の新居に引っ越すことになった。

ちなみに僕はたまたまうまく行っただけなので、このパッション引っ越しはあまりおすすめしない。

というか、かなり気合いで乗り切った部分がある。だからおすすめしづらい。

生活できないわけではないが、ＹｏｕＴｕｂｅでゲームを実況するとなると、かなり厳しい話になってくる。収入から家賃８万円を引き光熱費や通信費、活動の諸経費などを引くと、マイナスだったので、貯金で暮らさなければならない。そういう時期があった。ちなみに固定費や諸経費に食費は含まれていない。

これは、やばい。

鶏皮のもやし炒め最強!!!!

家賃に振りすぎたパッション引っ越しにより、食費の上限が月1万円に。無理のある費用設定に、僕、おおはらMENが取った作戦とは——!?

秘技・鶏皮のもやし炒め!

スーパーの二大激安アイテム・鶏皮ともやしを使った炒め物である。そのまんま。腹にたまるしご飯も進む濃い味付けができ、これと米で無限に暮らすことができた。とにかく安く、長く食べ続けられるものを探し求めた結果、このレシピにたどり着いた。このおかずを1回作れば、3日間食べ続けられる。

さて、どうやって3日間食べ続けるのか。いいでしょう。教えましょう。

まずもやしの存在。これがデカい。鶏皮は単体だとかなり脂っこくなるため、食べ続けることが難しくなってくる。その脂っこさを、山ほどのもやしでカバーするのだ。

そして重要なのは味付け。なんと3パターンある。この3パターンは、順番に調味料を足していけるようになっており、飽きずに3日間同じおかずを食べられるようになっている。


まず1つ目は、シンプルに塩コショウ。王道。1日目はこれを食べる。そして次の日はそこに焼肉のタレをプラスする。一気に味が濃くなり、おいしい。2日目はこれだ。最終日はそこに、何でもおいしくなる不思議な顆粒・中華風調味料を足す。適当にふりかけるだけで、不思議とかなりおいしくなる。

ひたすらこれを食べ、空腹をしのいでいた。他に食べていたものといえば、安いパンくらい。おそらく、栄養バランス的なものは大崩壊していたと思う。けれど、1万円で暮らすとなると、仕方のないことなのだ。

外食なんて夢のまた夢。フードコートにすら立ち入ることができず、マクドナルドすら無理だった。そんな日々。本当に「気合い」のみで乗り越えた食生活。

栄養バランスだけではなく、生活リズムもすさまじく崩れていた。動画は基本撮って出しのスピード。起きたら動画を撮影し、その日のうちに編集、動画をＵＰして公開日時を設定したら就寝。撮影や編集にかかる時間次第で、就寝時刻は毎日バラバラ。

前日徹夜したからといって昼に起きてしまうと、すべてが後ろにずれていき、どんどん生活がぐちゃぐちゃになっていくという。もうひどかったです、本当に。

1日が24時間で刻めない、というとイメージしやすいだろうか。1日27時間の日もあれば、16時間の日もある。逆に想像しにくいか？　ま、いいや。

おそらくこの時期が僕の人生の中でいちばん忙しかったんじゃないかな。

ここまで書くと、かなりしんどい下積み時代を過ごしたように聞こえるかもしれない。でも僕はつらいと感じたことはない。むしろ「結局なんかこれはこれで楽しいな～」なんてのんきに過ごしていた。

実況したり、友達とオンラインでゲームしているのを撮影したり、動画編集をしたりと、基本的に家にこもりっぱなしになるのがゲーム実況者。

そんな中でスーパーへの外出や、料理をすることはいい息抜きになっていたので、逆にいいバランスで暮らせていたような気がする。

そして何より、撮影も編集も、ＹｏｕＴｕｂｅに関わる何もかもがすべて楽しかった。楽しいがゆえに、誰かに任せるなんて考えられなかった。いや、考えられてもそんなお金はないいんだけれども、それくらい楽しかったって話。

この生活を半年続けた後、フードコートにはたまに入れるくらいの収入をやっと得られるようになった。1回の食事に１０００円使えるという贅沢。幸楽苑のラーメンに、なんなら餃子もつけちゃえる生活。それでもまだ、夜の飲み会参加は難しいレベルだ。

１食３０００円までの道のりは遠い。

友達3人によるゲームチャンネル「帰宅部」結成

ひとり暮らしを始めたあたりは、きおきおと、共通の友達であるたいたいと「帰宅部」を結成したタイミングでもあった。多分。ちょっと時系列が曖昧だけど、ここらへんだったと思う。

僕ら3人はもともとオフで楽しく遊ぶ友達。もちろんゲームで。一応グループ結成という形にはなっているけど、3人で遊んでいるときに「これ動画にしたら面白いんじゃね!?」みたいな軽いノリで楽しく始めたものだ。今でもこのノリは変わっていない。友達と楽しくゲームしているのは変わらずで、違いはそれがYouTubeにUPされるかどうかだけだ。2人は、実況者仲間である前に普通の友達。だから、帰宅部での僕はオフに近いテンションだし、パーソナルな部分がかなり出ている。

せっかくだから、帰宅部メンバーを僕から紹介してみる。

まずはきおきお。幼少期や高校時代の話にも登場していたことからもわかるように、彼はかなり長い付き合いの友達だ。しかも、卒業旅行に一緒に行くほどの仲。

そんなきおきおを一言で表すなら……「ノリと勢い」。なんか勢いがすごい。最近やっと「大人の落ち着き」みたいなものがちょっとだけ出てきたけれど、根は変わってないなとしばしば感じる。

そしてきおきおは変わっている。大学生の頃、きおきおと会長と3人で旅行に行ったときの話だ。いきなり車がエンストした。やばいやばいと騒ぎ、車を押して移動させるべく外に出た。が、きおきおだけは車内にいた。

しかも僕らが押す車に乗ったまま「すげぇ!」「動いてる!」とか言ってる。足広げて。「降りろ! 喜んでんじゃねぇ!」と心の中でツッコんだことを覚えている。

さらに言うと、抜けてるところもあるのがきおきお。ＰＣに別付けするグラフィックボードというものがある。かんたんに説明するとPCに挿すといい性能でゲームができるよ、というアイテムだ。それをきおきおが買った。その後、きおきおは「全然性能よくならないよ」「画質も変わらない」とこぼしていた。

僕は「Cドライブがいっぱいなんじゃないの?」とか、ありがちなトラブルシューティングを提案していたのだが、きおきおはどれも当てはまらないと言う。

しばらくして家に遊びに行ったときにPCを見てみたら、グラフィックボードはPCに挿さっていなかった。Cドライブとか全然関係なかった。ただ挿さってなかった。

予想外のところを攻めてきたな！　と思わず笑ってしまう。きおきおはナチュラルに面白いことを巻き起こす天才だ。

ノリと勢いがすごい天然な変わり者。だけどきおきおは優しい。基本的に怒らない。誰かが失敗しても「大丈夫大丈夫!」「次に活かしてこ!」みたいなテンション。心から人を信用するタイプで、絶対友達を見捨てないと思う。信頼している。

そして、たいたい。彼は安心感の塊だ。どんな無茶振りをしても、どんなにブレ球のボケをしても、すべて拾ってくれる。絶対にツッコんでもらえる安心感があるから、たいたいがいると僕はかなり自由気ままにしゃべれてしまう。

加えて彼は穏やか。「人柄がよいとはまさにこのこと！」という感じ。たいたいはもともとゴリゴリの運動部に所属していた体育会系の男だ。「運動部の人は運動部で固まって、同じノリの人と仲良くしている」という僕の勝手なイメージがあるのだが、たいたいはどんな人ともフラットに仲良くしている。

そして気遣い屋さん。大人数でゲームをすると、たいていメンバー内で実力の開きが出る。たいたいは自分が得意なゲームでも、初心者や練習中の人に何かを言ったり、いじったりということは絶対にしない。「一緒に行くぞ！」「助けに行くよ！」なんて声をかけている。一緒にゲームをやると「やっぱりたいたいって優しいんだな～」としばしば思う。

なんか結局、どっちも「優しい」だったな。友達への王道の褒め方になっちゃった。……そりゃそうか。僕たちは、王道の、普通の友達なんだから。

カズさんワールドの地下組織・俺

帰宅部結成と近い時期に、マイクラ界で有名なカズさんによるマイクラの視聴者参加型ワールドに参加させてもらえるようになった。初参加のとき、めっちゃくちゃ緊張したことを覚えている。本当にカズさんワールドに入れるの!?　って。

そしてその後さらに緊張する出来事が起きたのである。マイクラ内のコラボ撮影で本物のカズさんとお会いすることになったのだ。あの、カズさん。その本物。いや、偽者はいないけど、カズさんは「本物の」とつけてしまうくらい大物なのだ。

僕は最初ドッキリを疑った。僕の緊張を極限まで高めた様子を撮ったあと、普通に知り合いが出てくるのではないか、と。それくらい信じがたいことだった。

しかし、本物のカズさんがやってきてしまった。「ドッキリじゃないの!?」と、言われたままのことが起きたはずなのに、僕はドッキリ以上に驚き、焦った。

そこでカズさんとお話しし、カズさんワールドに入ることが決定したのである!

これは僕のYouTube人生で、かなり大きな出来事だ。カズさんワールドに参加して、いろいろな建築をした。最初の5か月くらいはきおきおのチャンネルで僕ら視点の動画を上げていたのだが、「僕ももっと建築したい!」という思いが湧き上がり、カズさんワールドの地下でこっそり建築をするという動画を撮り始めた。メインのじゃまにならないように、お目汚しにならないように、地下で。

地下に潜り、見えないところでこっそり建築する動画をUPしたことが、また僕のチャンネルの大きな転機となった。

カズさんワールドのマイクラ好き視聴者さんから、僕の他のマイクラ動画も観てもらえるようになったのだ。

ドズルさんからのお誘い

自分のチャンネル、帰宅部、カズさんワールドへの参加などで、ようやくフードコートに入れる程度の生活レベルになった僕に、また新たな話が舞い込んできた。

ドズルさんからの「ドズル社に所属しないか」というお誘いだ。

僕の答えは「考えさせてください」だった。これ以上やることを増やしたら僕は死んでしまうんじゃないか、と思ってしまったからだ。

先ほどあげたとおり、自分のチャンネルの撮影と編集、帰宅部での動画、カズさんワールドへの参加などにより、当時の僕はとんでもなく忙しくなっていた。前に話したとおり生活リズムもぐちゃぐちゃだ。

この生活をやり続けていたら、いつか倒れるな、とある種の確信のようなものがあったほど。

けれど、ドズルさんの話を聞いていると、逆かもしれないと思い始めた。ドズル社は福利厚生がしっかりしており、さらに動画編集などを他のスタッフに任せられる。何よりドズルさんとぼんじゅうるさんは最高に面白いし、やってみたいかも……。なんて悩んでいるうちに、おんりーが加入した。ドズぼんさんと絡むおんりーの様子を見て僕は思った。

「やっぱり面白そう！　俺もやりたい！」

最後は結局「面白そう」が決め手。それが僕。それからドズルさんにしっかりと条件や編集方法などをちゃんと聞いてみて、「面白そうだからやろう！」と決めた。

当時僕の登録者数は5万人くらい。そんなに大きくない僕のチャンネルを見て、声をかけてくれたドズルさんには心から感謝している。

ちなみにこの件に関して、帰宅部のみんなには相談しなかった。個人的なことだし、それぞれ忙しいだろうしやめとこう、くらいの考え。

なので帰宅部の2人には「ちょっとドズル社にも行ってくるわ!」みたいな温度感。

実況者として、いや、人生の分岐点がおそらくここだった。

ドズル社に加入してない世界線の僕は、きっと2024年になっても自分で全部の動画を編集し、忙しすぎて目が回り、生活リズムはさらにぐちゃぐちゃで、ついでにまだずーーっともやし食ってる気がする。

報連相が苦手な僕とドズル社

報連相が苦手です。はっきり言うと特に連絡が。僕は返信を溜めてしまうタイプで、かなりの苦手分野だと自覚している。

ドズル社に入ったことで、スタッフのみなさんが僕の報連相の苦手さをカバーしてくださるようになり、僕はかなり助かった。

ひとりのときは、まだ連絡しなければならないことも少なかったため、ギリギリ自力で回せていたけれど、もし今の規模でひとりだったらあーあーあーあー！　って両手を上げてましたね。お手上げです。

国家公務員になっていたらどうなっていたんだ？　と言われそうな気がするが、もしそうなっていたら、きっと僕は報連相の能力を伸ばしていたと思う。

自分で言うのもなんだが、僕は真面目寄りの青年である。なのできっと、どの職業につくかで、性格や得意不得意がある程度変わる気がする。少なくとも国家公務員という職業に合わせて、人に迷惑をかけないラインまで苦手を克服しているはずだ。朝もちゃんと起きれているだろう。

だけどその場合は、今みたいに口が回るようにはなっていない。僕は実況者として必要な「ゲームの間をつなぐ雑談」の力を伸ばす努力をしている。もちろんこれはすごく楽しい。でも、仕事に必要な能力だから伸ばしているという側面も少なからずある。

国家公務員になっていたら、雑談の力を伸ばすための努力に使っているエネルギーを、報連相を確実にするための努力、生活リズムを整える努力、その他「国家公務員に必要な能力」を伸ばすための努力に使っていたはずだ。

僕の性格上、どんな職業についたとしても、できないことは書き出して、どうやったらできるようになるかを考えて、試行錯誤するに違いない。今もそうしているし、しないと落ち着かない。報連相が重要なマターであれば、その能力を伸ばしているはず。

だからきっと、もし国家公務員やその他の職業についていたら、今よりも報連相をしっかりし、生活リズムも整っており、そのぶん今ほどしゃべれない僕が今ここにいるはずだ。多分。

でもやっぱり、苦手なことをなんとかするより、面白いことや得意なことを伸ばしていくほうが、楽しくやれる！　いくつも報告・連絡・相談が必要なことを抱えていたら、1回は頭がパンクしそうだし。

だから今の、苦手なところに頭を使わなくていいように分業してもらえる体制は、とてもありがたい。

ドズル社のみなさまには心から感謝を申し上げたい。

ありがとうございます
パアアア アアア…!

決して、決して媚びてるわけじゃないけど

ドズル社に入る前、2回目にお会いしたときのドズルさんの姿を鮮明に覚えている。冬の始まりの少し寒い日。彼はスタジオに短パンで現れたのだ。「絶対寒いだろ」「侍か？」と思いながら僕はただその姿を見ていた。マジであれは鮮烈だった。もう1回言うけど、寒いだろ絶対。

おそらくドズルさんのマイクラスキンが短パンだったからだろう。寒いのにその姿に近づけるなんて、すごいプロ意識だ……！

と感じていたのだが、ドズル社に加入してからもドズルさんが長ズボンを穿いているところを見たことがない。マイクラスキンを短パンにしたときに、全部捨てたんでしょうか。今度長ズボンプレゼントしようかな。真冬は絶対寒いし。

そしてドズルさんと僕はサウナでつながるサウナー仲間でもある。ドズルさんは寒さにも強いが、熱さにも強いということだ。

たまに、ミーティング終わりに2人でサウナに行く。だがそこで話をしたりはしない。お互い、ただサウナに集中するのみである。なぜなら僕らはサウナ道を極めているから。

と、親近感あふれるドズルさん紹介をしたけれど、ドズルさんはマジですごい人間だ。決して、決して媚びているわけじゃないけど、僕はドズルさんのことを尊敬している。決して媚びてるわけじゃないけど。本当に。すごい方。

実況をしながら社長業もこなし、出張なんかにもよく行っている。実況者として成功しているだけでもすごいのに、加えて社長。絶対にかなり大変だと思う。でもドズルさんはそれを感じさせない。人間って、何かで特別に成功したら、その道に収まっちゃうものだと思っていた。でもドズルさんは2つの道で成功して、2つの道を極めている。これって実はとんでもなくすごいことですよみなさん！

そんなめちゃすげえドズルさんも、細かいスケジュール管理や連絡は苦手だと言っていた。僕と一緒だ。すごい部分だけじゃないのが、人間味があって安心する。ドズルさんは最高の社長・上司だ。

ドズルさん！　決して媚びてるわけではないですよ！

焼肉屋で同じメニューを何回でも好きなだけ頼み続ける僕たち

せっかくなのでこのままドズル社メンバーの紹介に突入しよう。「ドズぼん」のぼんのほう、ぼんじゅうるさんはドズル社最年長。でもそれを全く感じさせせない人だ。

仕事で接する年上の方は、世代が違うことから壁を感じたり、ひどい場合はえらそうにされたりすることもある。でも、ぼんさんにはそれがない。全くない。むしろ最年長なのに「憎めないキャラ」である。きっとそれだけ人を引き付ける魅力があるんだと思う。媚びてるわけじゃないけど。

ぼんさんは、初めて会ったときから全く壁を感じなかった。多分、話し方や空気作りがとても上手なんだろう。壁のない男ぼんじゅうる。強く推していきたい。

僕の家にぼんさんが遊びに来たことがある。「いい肉屋で牛タン買ったから、牛タン会しないですか」という連絡をして、牛タンが大好きなぼんさんはその話に飛びつき、来てくれたのだ。

「ホットプレート出しますよ！」と言うと、ぼんさんは言った。

「立ち食いでいいよ」

男2人で台所のコンロで牛タンを焼き、立ち食いした。スーパーで買った卓上レモンと割り箸で、焼けたそばから食べていく、台所立ち食いスタイル。これはかなりぼんさんらしいエピソードである。

僕らは食の好みがかなり似ており、「同じメニューを何度も頼むことをよしとしている」という最強の共通点がある。先ほどの話は「自宅牛タン会」だが、「焼肉屋センマイ会」なども開催される。焼肉屋に行き、センマイばかり頼む会。

誰かと食事に行くとき、なぜかはわからないが「同じメニューを2回頼まない」という暗黙のルールがたいていある。よっぽどおいしくても、やれて2回目までだろう。しかし、ぼんさんと僕の間にそのルールは存在しない。好きなやつだけ頼みまくる。おかわりも頼む。何回も頼む。

食の好みが似ている上に、注文ルール無用のぼんじゅうるさん。僕と同じであまりお酒を飲まず、コーラが大好きなのも同じで、それもなんだか親近感。

ぼんさんと食事に行くのは本当に気楽で楽しい。焼肉屋で話す内容といえばゲームのことばかり。焼き肉食いながら、ゲームの話。

ぼんさんと焼き肉食べるの大好きです。これからもよろしくお願いします！

実はおらふくんにビビっていた僕

出会う前、僕はおらふくんのことを「フォートナイトの元プロ」と聞いていた。

プロゲーマーといえばあれだ、高みを目指して厳しく自分を追い込み、「今0・2フレーム早ければ間に合ってたよね!?」と仲間にもきちんと指摘していき、自分や仲間の能力を高めていく……みたいな存在。僕は「元プロゲーマー」という肩書きにそんなイメージを持っており、「厳しい人だったらどうしよう……」と実は不安になっていた。

僕はドキドキしながら、彼の実況をのぞきに行った。

……!? かなりおっとりしている……!?

箇条書きにされた本人情報から想像した人間と、全く違うジャンルの実況者がそこにはいた。ギャップがすごい。

実際に一緒にラジオ配信をしていく中で、「おらふくんおっとり説」、いや「天然説」は、どんどんと強固になっていった。しかも彼は、つつくと面白い話がかなり出てくる。というか、彼の天然が突如炸裂することにより、いきなり面白くなることがよくある。

おらふくんの言動が面白くて笑っているのに、本人は理由がわかっていない、なんてこともしょっちゅうだ。

おらふくんはおっとりした雰囲気だけれども、フッ軽。ああ見えて臆さないタイプで、初めて話す相手にもアグレッシブ。そんなところもすごい。

僕はおらふくんと2人でラジオをやっていた。そこでも面白いことがたくさんあった。おらふくんの天然話、つまり彼の失敗への笑いなのでここで書くのはちょっと申し訳ないが、面白かったから書く！

ラジオの中にクイズコーナーがあり、そこで、「空気中の酸素、二酸化炭素、窒素。割合がいちばん多いのはどれでしょう」というド定番の問題を出した。小学生の理科レベルの問題である。おらふくんは、あのおっとりとしたトーンでこう答えた。

「さすがにそれはなめすぎよ、いちばん多いのは酸素よ」

念の為書いておくと、正解は窒素で全体の78％を占めており、ぶっちぎりである。酸素は21％、二酸化炭素は0・04％だ。全然ちゃうやないか。テストだったら0点だけど、配信的に100点満点の解答。花丸だ。ちゃんと拾ってくれてありがたい。

おらふくんの魅力はこういうところだ。多分、素でやってるんだろうけど、そこがさらにいい。

僕の家で僕より人をもてなすおんりー

そしておんりー。ドズル社の視聴者参加型企画に僕もおんりーも参加していたので、彼がドズル社に入る前から知っていた。そこで「なんかみんなを引っ張っていけるやつがいるぞ！」と当時から注目されていたのだ。

僕もそこそこマイクラに自信があったけれど、おんりーも技術があり「マイクラすごいやつだな！」と注目していた。

しかし、僕らはタイプが全く違う。おんりーは企画にそったプレイをしつつ自然にテクニックを見せていた。一方僕は、みんなが「エンドラ（エンダードラゴン）討伐するぞ！」と鉄を掘って準備している最中に、ひとりで家を建て始める、みたいな。

今考えるとやばい奴すぎるぞ、俺。

そのときは、おたがい視聴者として認識していたくらいで、あまり交流はなかった。パーソナルな部分に触れたのは、僕がドズル社に入ってからだ。

おんりーはかなりストイックなプレイスタイルでしかもうまい。なので、いろいろなゲームに精通しており、それらすべてをやり込みまくっているような、強者をイメージしていた。

全然違った。かわいいものが大好きで、両手で収まるくらいの少ないタイトルをひたすらやり込んでいるだけ。みんな大好き『大乱闘スマッシュブラザーズ』すら「へー?」くらいのテンションで、やってない、触れてない、通ってないゲームがほとんどだということにびっくりした。

なのに、マイクラの世界記録を獲ったことあるって何……。根っからのゲーム大好きやり込み派ではなく、一度決めたら最後までやり通して極めるタイプのようだ。

ちなみにおんりーは、うちに遊びに来たこともある。数人で集まって『ポケモンカードゲーム』をやる会だった。おんりーはちゃんと大会で結果を残しているようなデッキを持ってきて、ちゃんと大会で結果を残しているような動きをしてくるタイプだ。きっとしっかり調べていたのだろう。オリジナルデッキやドリームデッキみたいなものではなく、勝ちをおさえてくるスタイル。おんりーらしい気がする。

ちなみに僕が好きなデッキは相手のポケモンを倒さず勝つ、ライブラリアウト（LO）という少し変わったデッキだ。相手の山札を減らして勝つ。正攻法ではないこのデッキはときおり物議を醸すものなのだが、『遊☆戯☆王』の時代から、僕はLOデッキをこよなく愛している。……おや？　話がそれてしまった。この話はまた後で。

プライベートのおんりーは、動画そのまま。しっかりしていて、みんなをまとめてくれる。おんりーとまろくんとコラボ撮影をしたとき、まろくんがおみやげに持ってきたシャインマスカットを入れる皿を出してきてくれた。俺の家なのに。

「お皿どこにある？」って聞いて出してきてくれたおんりー。あまりにもイメージどおりじゃないですか。俺んちなのにね。俺がやれよ。

05

Bokurano to be continued

第五章

人生にバグはつきもの

05

Bokurano to be continued

本名ではない「おおはら」として生きた20年間

僕の本名は「おおはら」ではない。しかし、YouTube用につけた名前でもない。

では、なぜ「おおはら」になったのか。それは「本気になったら大原!」と叫ぶ、大原学園のCMのせいである。あれは小学校低学年の頃、そのCMがクラスで大流行しており、同時にあだ名ブームも到来していた。例えば山口ならグッチ、などのようなあだ名がつく中、なぜか僕は「おおはら」と名付けられた。

小学生の僕が「本気になったら大原!」にハマっていたわけでもなく、ただCMが流行っているというだけで、流れるようにつけられたあだ名だ。

誰かが「本気になったら!」と言うと「おーはら♪」と返す、みたいな文化はあったが、僕はやってない。僕に「おおはら」への責任は全くない。

気づけば本名より呼ばれるようになり、人生の半分以上「おおはら」と呼ばれてきた。定着しすぎて、仲良くなった後に本名を知り驚く人もたくさんいた。他のクラスだった人は未だに僕の本名を大原だと思っていそう。しかもいっぱいいいそう。

ちなみに人生で本名を呼ばれた回数とおおはらと呼ばれた回数を比べると、圧倒的におおはらである。逆に本名を呼ばれると反応にラグが生まれてしまうレベルで、僕の身体にもおおはらが染み付いてしまっている。

同級生のＹｏｕＴｕｂｅｒきおきおが「おおはら」と呼んでいたこともあり、そのまま芸名となった。ＭＥＮの部分については、アカウントを作成するときに、ちょうど前日観た映画『Ｘ-ＭＥＮ』から拝借した。いちばん好きな映画というわけでもない。多分金曜ロードショーかなんかで観たんだと思う。……そんな感じでついた名前がこんなに大きくなって。人生何があるかわかんないですね。

ヘイトを稼ぐことがあっても LOデッキが好き！

さきほどおんりーの紹介で出てきたカードゲームの「ライブラリアウトデッキ（LOデッキ）」についてもう1回ちゃんと書きたい。だって、好きすぎる。

僕はLOデッキを握っているときに最も「俺、今、カードゲームしてる！」と感じられる特異体質なのだ。いかにして相手のターンの行動を制限し、相手の山札を削り切るか、という戦略が求められるLOデッキは、僕のスタイルに合っている。

かんたんにこのデッキについて説明しよう。『ポケモンカードゲーム』、俗に言うポケカのルールは、相手のポケモンを1匹倒すと自分の横に置いてある「サイド」と呼ばれる6枚のカードのうち1〜2枚を取れる。相手のポケモンを倒していき、この「サイド」を6枚取り切って勝ち判定をもらう、というのが正攻法だ。

対して僕の愛するLOデッキは、相手のポケモンは倒さず、相手の山札をゼロにして勝つ。「山札がなくなって、自分の番の最初に山札がめくれなくなったら、問答無用で敗北になる」、というルールもあるのだ。なので、相手の山札をガンガン削る。

変わった勝ち方なので、LOデッキはときおり議論を呼ぶこともある。最近で言うと「カビゴンLO」と呼ばれるデッキはわりとヘイトを稼いでいた。このデッキは野球で言うと「ピッチャーがボールを投げない」状態でゲームを進めるため、相手はやることがない、つまり動きのない試合展開になる。だから嫌がられていた。

ちなみに僕は今、ポケカでは「イダイナキバ」のデッキを使っている。もちろんLOデッキだ。これはわりと受け入れられているLOデッキだと思う。

僕のLO好きは昔からで、『遊☆戯☆王』の時代から数々のLOデッキを握ってきた。遊☆戯☆王では「ボーンタワー」という、特殊召喚と呼ばれる動きをしまくれば相手の山札を削れますよ〜、というカードを入れたデッキを使い、ただひたすらそれを回すことによって相手の山札を削り続けていた。もはや作業のようになることから、

「ソリティア」という罵倒に近い愛称があったほどだ。

しかしながら、LOデッキは全然カードゲームをやっている。ルールにも法にも触れていない。愛好家もいっぱいいる。大会で結果を残している人もたくさんいる。

なので、これからも僕はLOデッキを握り続けていく。興味が湧いた人はぜひ、LOデッキで遊んでみてください。ハマる人はハマる。

実況オフでゲームをするのも楽しいが、そこにはトラップがある

休みの日の過ごし方ですか？　それはゲームです。週2日休みがありますが、ずっとゲームをしています。オンとオフの差は録画しているかしていないか、それのみ。端から見るとオンの日と休日の区別がつかないかもしれない。

ゲームを触らない日は体調を崩して起き上がれないときくらい。……いやそんなことないな、布団の中でもゲームしてるな。

めちゃくちゃ高熱で体が動かないとか、アルティメットスーパー眠いとか、そういうとき以外は「ゲームしたくない」ことはない。常にゲームしたい。それが俺。

僕は暇があるとすぐ実況したくなる性分なんだけど、正確にはすぐゲームをしたくなる性分、ということ。昔は実況せずに裏で8時間くらいゲームをしていたのだが、

周りの人から「実況しないのもったいなくない？」と言われて、「確かに」と納得し、ゲームをするときはなるべく実況するようになった。

正直、仕事で決まっている時間以外は、実況してもしなくてもいいと思っている。だって僕はとにかくゲームがしたいだけだから。

だから、実況者仲間とゲームするときに「実況する？」と聞かれたときは、「どっちでも」と答えてしまう。実況しないでゲームするのも楽しいから。

差があるのかと言われると、そんなにないような気もする。でもやっぱり、実況して人に見てもらっていると、ある程度は気を遣いながらゲームをすることになる。たまに実況なしで友達とゲームするのも楽しいんだよな。頭空っぽで楽しめるから。

頭空っぽになったらどうなるかと言うと、なんにも考えてない単語が飛び交う。わかりやすく言うと、『コロコロコミック』的な発言がふんだんに飛び出てくるようになる。これはめちゃくちゃ楽しい。やっぱり、そういう言葉は実況だと避けるので。

ただ、オフで友達とゲームをやりまくってしまうことに対しては、懸念事項がひとつだけある。オンとの切り替えがうまく行かなくなったり、実況中にオフのときの名残が出てきてしまったりする。

先日、ドラクエの実況をしたときにそれで痛い目を見ました。だから今、心から注意喚起をしております。

つかまえたモンスターに名前をつけるとき、予測変換で出ちゃった。とんでもワードが。おかげで一度実況を切り、キーボードをリセットする謎の時間が生まれた。

一応言い訳をしておくと、このとんでもワードは友達が僕のスマブラをやったときに使った名前だ。断じて僕ではない。実況中にもその言い訳をした。

え？　とんでもワードが気になるって？　言えねえよ！　でもどうしても気になるっていうんなら、「おおはらＭＥＮ　おき[redacted]たま」で検索してみろ。すぐ出てくるよ。しっかり切り抜かれてるからな！

少年よ、ゲームをしろ

実況を始めたとき、ゲーム中の間を埋めるトークがうまくできなかった。長めの無言時間が生まれたり、取るべきリアクションを取れなかったり。例えば、怖いときには「ぎゃあああ！」と絶叫したほうが面白いのに、小さく「ウッ」って言っちゃう。みたいな。

それをどうやって克服したのか。なんとびっくり、場数です。実際に実況して、その回数を重ねることがリアクションとしゃべりの練習になり、口が勝手に動くようになっていくのだ。戦いながら成長していく。それが俺。

ちなみに僕は反省はあまりしない派だ。失敗したときに「あっ、間が空いたな」と少しは思うけど、引きずらない。すぐ忘れる。

その少しの反省に感情を入れないことが、重要なポイントだ。ケーススタディとして、状況と失敗の理由と改善点を考えるのみ。感情を入れると、どうしても凹んじゃうし、「俺ってダメなやつだ……」と自分を否定してしまう。

客観的に、感情を入れず、ゲームを攻略するくらいのノリで反省する。

僕がこの考えに至ったのは、ゲームの影響が多大にある。

何かの講演会で「人生はゲームだ」という言葉を聞いたことがあり、確かにそう考えたほうが楽な部分がたくさんあるな、と思ったことも覚えている。

主観と客観はゲームのときと同じように使い分ける。

主観は「楽しい！」「やったあ！」「やりたい！」みたいな、嬉しいときに。

客観は「どうすればクリアできるんだろう」という、プランや改善案を思考するとき……つまり失敗したときに。

そうすれば、落ち込みすぎずに己を改善しつつ、楽しいことは思いっ切り楽しめる。

だから、少年よ、ゲームをしろ。

もうひとつ言うと、失敗したときには反省しすぎずにさっさと忘れるのも大切だ。客観で振り返って改善点を考えたら終了！

ダメなことって記憶に残りやすいから。「大きなリアクションを取ればよかった」「名刺を渡すべきだった」「水道代払い忘れた」「あの言い方よくなかったかな」なんてことは、考え続けようと思えばずーーっと引きずれる。昔のダメなことだって、いくらでも引っ張り出せる。でも、反省ばっかりしてると気持ちが落ちるじゃん。

これは僕の根底の考え方なんだけど、こっちのネガティブな気持ちが出ると、周りにいるみんなは楽しい気分になりづらい。実況でももちろんそうだ。視聴者さんみんなを楽しませたい僕が、落ち込んでいるわけにはいかない。

人間は、そんなに丈夫じゃない。これも僕の考え方のひとつだ。失敗ばかりしてしまうとき、反省という形であっても、それを背負い込みすぎると潰れちゃう。

……これ、特に若者に向けて強く言っとこうかな。

反省はそこそこすればOK。やりすぎて萎縮して、新しいことができなくなってしまったり、今までできていたこともできなくなったりすると、悲しいじゃない。僕みたいに1日寝たら忘れるくらいでちょうどいいよ。その失敗した経験は必ず今後の自分に役に立つから。

これはある種の理想論だ。僕だってたまに切り替えられないこともある。人間ですからね、できないときもあります。じゃあそういうときは休みましょうよ。

心がめっちゃ強い人なんて、かなり少ないんだから。

だから僕は、「水道代支払い忘れた〜!」と期限切れの紙を見て笑い、「払い忘れていませんか?」と、もう1枚の振込用紙が届くのを、のんびり待つのだ。

喜怒哀楽の「怒哀」は一瞬で終わらせる

さっきえらそうにいろいろと語ったけれど、僕はもともと失敗を引きずるタイプだった。失敗にずっと気を取られていたり、怒りを感じたことをずっと覚えていたり。でも実況者になって、それをやめた。僕が目指すのは楽しくて面白い実況者だから。

人間そんなにかんたんには変われない、と言う人もいるが、僕は本当に変わろうと意識すれば今すぐにでも変化をスタートさせられると思っている。

本当に変わろうと思った僕は、「これをしたらリセットできる」というスイッチをたくさん作ることにした。寝る。目の前にある楽しいことに飛びついて夢中になる。サウナに行ってととのう。おいしい出前を取る。

とにかく、自分を責めすぎてしまう状態から脱出するのだ。ゴリ押しでもいいから何か別のことに視点を切り替える、と言ったほうがわかりやすいかもしれない。

そして切り替えたらもう考えない！　と決める。練習していけばうまくなっていく。


2年前、コラボ撮影の集合時間に遅刻したことがある。しかも寝坊で。30分も。その撮影はカズさんやまぐにぃさんなど大物が8人も大集合していて、当時の僕は新人。めちゃくちゃ謝りながら入室したが、そのときはさすがにちょっと応えた。

そのときも僕は、一瞬だけ反省し、以後は目の前の楽しいコラボ撮影に夢中になる、という切り替えスイッチを押した。ずっと引きずってたら、雰囲気が暗くなってさらに迷惑をかけるかもしれないから。


これは、環境に恵まれている部分もあるかもしれない。先輩実況者のみなさんは優しくて、遅刻を楽しくいじってくれつつ、かなり楽しい雰囲気になった。でも、もし僕がずーんと暗いままだったら、いじるのも難しかったのではなかろうか。

失敗も悲しみも怒りも、感じた一瞬で終わらせると予後がいいのでおすすめです。

運動は得意じゃないけどハンドスプリングはできた

運動能力は下の上。突き抜けているわけではないが、全くできないわけでもない。これまた勉強と同じく可もなく不可もなくなのだが、どっちかと言うと不可に近め。勉強よりは苦手かもしれない。

小学生の頃、ドッジボールでの横投げに限界を感じた。突然思い出したので書いておく。強い人は軒並み、野球のピッチャーのように縦投げをしていたのだが、僕は腕を横に振る感じでスピンをかける横投げ派閥だった。しかし、身体の仕組み上、横投げでスピードを上げるのは至難の業。縦投げに変えたほうがいいのかな……と少し悩んだ。何が言いたいかと言うと、それで悩めるくらいには運動を楽しめていた、ということだ。みんなで遊ぶの大好きだからね。

球技はあまり得意ではない。サッカーはボールが来たら前に送れば、クラスのサッカー部がなんとかしてくれるだろう、程度の理解度。持久走は嫌いだった。

そんな僕のたったひとつの運動自慢はハンドスプリングができること。

全く練習したことはない。なぜか「できる気がする！」と思い、ノリと勢いでチャレンジしたらできたのだ。おかげでマット運動の成績はよかった。

なぜハンドスプリングという大技ができたのか。それは「ノリと勢い」しかなかったからである。おそらくあの技は、少しでも迷うとできない。大怪我をする可能性もある。だから普通は躊躇するものなんだろうけど、なぜかできると踏んだ僕は、ノリも勢いも殺さず、１００％の力で突っ込んだ。それが成功の理由だと思っている。怪我のことを全く考えてなかったこともかなりよかったと思う。いやよくないけど。

失敗したら大変なことになるので、マネしないようにな！

家として機能してない部屋

今、部屋が大変きたねぇです。圧倒的きたねぇです。

僕は片付けをまとめてやるタイプでして、「休みが来たら片付けよーっと」と溜めがちなんですね。そして休みが来たら、とんでもねぇ部屋を片付ける、と。

おそらく、みなさんが想像している「きたない部屋」がここにはある。そのきたなさを端的に説明するなら「歩けはする」だ。しかし、縦横無尽には歩けない。入り込めないエリアがポツポツとある。でもこの程度なら、僕としてはまだ許容範囲だ。

休み以外で片付けるときは、まず人が来る前。これはさすがに片付ける。そしてもうひとつが、限界値を超えたときだ。「さすがにもう我慢できない！」となると、休みじゃなくても片付け始める。

この限界値はまあゆるゆる。座る場所がなくなったりして、「もうさすがにあかんかも、家として機能してないかも」というところまで行かないと限界突破しない。

寝床と作業場がある程度使える状態であれば、僕としてはアリ認定なのだ。マウスとキーボードさえ動かせて、眠ることができれば、他の部分がきたなくても、まぁ問題ないっしょ。ある？

片付けは苦手。完全に苦手。はい、苦手と断言できます。

だいたい、家に「歩けるか歩けないか」みたいなジャッジないだろ！と思うきれい好きの方もいるかもしれない。でも、わかってくれるズボラ仲間もいるはずだ。

歩けはする程度で、実況と就寝ができれば僕の家としては合格。だから、今も部屋が大変きたねぇけど、作業はできているので限界値は来ておりません。

次、掃除ができる休みはいつかなー。もうちょい行けるぞー。

これを自炊と呼んでいいのだろうか

毎日の食事も、まあまあ適当。5枚切りか6枚切りの食パンにはちみつを塗って焼く。とりあえず朝はこれでじゅうぶん戦える。

あと、おもち。スーパーで買える1袋1kgのおもちを常備していて、焼いて何もつけずに素のまま食べる。これ言うと結構な確率で驚かれるんだけど、素もち大好きなんですよね。

食器を洗うのなんてとんでもない！　面倒なのでトーストもおもちも、「あちあちあち！」と言いながら、焼いたものをそのまま素手でつかんで食べる。おもちは1食につき2個なので右手へ左手へと往復させて冷ますこともできずかなり熱いのだが、皿を出して洗う面倒くささに比べたらなんてことない。

両方の手におもちを持って、食いしん坊状態の手でもぐもぐ食べている。

昼ご飯はぬかしがち。撮影が昼から夜までぶっ通しなことが多いので、お腹が空いたらかんたんなもの、例えばおもちなんかを食べる。またはプロテインで過ごす。

夜ご飯は週4日ほど自宅。袋ラーメンを茹でる、スーパーで買ってきた肉を焼く、パスタにお吸い物のもとかお茶漬けのもとをかける等。栄養面はたまにスーパーでサラダセットを買う程度で、基本的にはサプリとプロテインでなんとかしている。

これらを自炊と呼んでもいいのか全くわからないが、自宅で食べているので自炊と呼ぼうと思う。

僕の自炊力の限界は、お金がなかった時代の「鶏皮のもやし炒め」でギリギリだ。「炒める」「茹でる」はできるが「煮込む」はできない。

こうやって改めて書くと、俺ってひどい飯食ってるんだな。別にいいけど。

オートミールダイエット終焉は いつだったか

そういえば、一時期食事に気を遣っていた時期があった。今思い出した。まさに今、思い出した。俗に言うオートミールダイエットのような食生活を心がけていたことがある。お米やパンは食べず、オートミールをお茶漬けみたいにして食べていた。

あれ、いつ終わった？ 気づいたら終わってたんですが。年末の忘年会シーズンでうやむやになって終わったのかな。

年末といえば、昨年の年越しに高校時代の友達と思いっ切りアホなことをやった。

僕は友達とアホなことをやるのが大好き。

友達と「マックのポテトを1万円分食べる！」というよくわからない企画を開催したのだ。もちろんプライベートで。カメラ無しで僕と友達4人でそれぞれ2500

円分ずつのフライドポテトを持ち寄り、チャレンジスタートだ。

ポテトのいい香り、サイドメニューという存在であることへの侮り、自分の胃袋への過信。「これ絶対行ける!」「余裕だろこんなの」と口々に言い、僕ら5人はNHK紅白歌合戦を見ながらポテトを口に運び続けた。

ポテトはおいしい。「いくらでも食べられる気がする」と思ったことがある人も多いだろう。しかし、それはまやかし。途中で手が止まります。不思議なことに。特に冷たくなってきてからは、かなり厳しい。

過ぎたるは及ばざるが如し。ポテトが「いくらでも食べられる」のは1人3つまで、4つ目以降は気合い。という知見を得て、チャレンジは終了した。もちろんポテトはかなり残ったのだが、メンバーのうちひとりが冷凍すると言ってすべてを持ち帰った。

ここまで書いてやっと気づいたけど、このチャレンジのせいだわ。オートミール終わったの。

みかん過激派によるデコポンへの考察

「みかん好き？」

ある日母からLINEが届いた。
僕はみかんが大好きだ。幼い頃から、そこにみかんがあったらすぐ食べる、を繰り返してきた男だ。なぜならみかんには悪いところがない。まずおいしい。常温でストックができる。手でするするむける。むき終わったら食べるだけ。食べ終わったらすぐゲームを始められる。みかん最高。機会があればみかんにありがとうって言いたい。
だから僕は母に意気揚々と「好き！」と返信した。

そして数日後。実家から大量のデコポンが届いた。段ボール箱いっぱいのデコポン。

いっぱいもらったからおすそ分け、といった雰囲気でもなく、美しくしっかりとぎっちりと箱に詰まっているデコポン。購入品の30個のデコポン。

え、「みかん」って言ってなかった……？


「まぁデコポンもみかんみたいなもんじゃん」と思った人はいませんか？

僕、みかん過激派なんで、一緒にするのはまずいですよ。絶対にダメ。

確かにデコポンもみかんと同じ柑橘類だし、見た目もデコがポンとしているところ以外は似ているし、味はおいしい。

でも皮が硬い。むきにくい。「ちょっと食べちゃおっかな」くらいのテンションでは、とてもむけない硬さがそこにはある。みかんは毎日食べたいくらい好きだけど、デコポンを毎日は無理だ。なぜなら皮が硬いから。しかも種まである。口からプッと出さないといけない。なんて面倒なんだ。

そう、デコポンは食べるための手間がみかんの7倍くらいある。だから、ズボラな僕はデコポンの7倍はみかんのことが好きなのだ。

え、なんで「みかん好き?」って聞かれた……?

母の問いが「デコポン好き?」ならこんな悲劇は生まれなかった。デコポンがダメなわけじゃないけれど、みかん過激派としては納得ができない。なんだろうなこの感覚。「コーラ好き?」って聞かれて「好き」と答えたら、コーヒーが出てきたような感覚。色ですね? 色だけですよね? あとカフェイン? みたいな。

さすがにコーラとコーヒーよりも近いだろという声もありそうだが、みかんガチ勢の僕にとってはそれくらい大きな差だということを理解してもらいたい。

もしかしたら、母親はみかんとデコポンを同じものと思っているのか?

みかんガチ勢の、この僕の親なのに?

……ちょっと不安になってきた。もしかしたら、区別がついていないのかもしれない。みかんとデコポンの区別がついていないということは、レモンやゆず、もはや柑橘類は全て「みかん」として認識している可能性だってある。

逆に、形から「だいだい色の丸いもの」をみかんと考えているパターンも考えられる。ということは、母は下手したらオレンジ色のピンポン玉すらもみかんだと思っているのかもしれない……。どうしよう、今までの人生で築き上げてきた親への圧倒的信頼が今、崩れ始めている……！　母よ、オレンジ色のピンポン玉はみかんではない！

結局デコポンは、しっかりと全部たいらげた。30個あったので、1日3個ずつ10日かけて食べた。ひたすらデコポンを食べ続け、俺の手は黄色くなった。

デコポンはみかんの7倍くらいの手間がかかるので、みかんを食べられると思っていた僕としては、1日21個ずつ食べたくらいの計算になる。

そう考えると、もう向こう20年くらいはデコポンを食べなくてもいい気がする。とりあえず20年はデコポンをむきたくない。

しかしデコポンにも僕のような過激派がきっと存在するだろう。こんなことを書いて大丈夫なんだろうか、デコポン過激派に刺されないだろうか。少し不安になってきた。デコポン過激派の人、大めに見てください。全部食べたんで！　どうか！

人間であるためにトイレでマンガを読む

トイレでは絶対マンガを読む。オールウェイズいつでも。これはクセです。そういうクセがつきました。

そもそも僕はなんにもしていない時間がとても苦手で、じっと座っていることができない。スマホを触れない場所で「座ってお待ちください」と言われて30分以上放置されたら倒れます。それくらい無理です。

なので、トイレというただ座っているだけの空間がどうしても無理。なお、言うまでもないがこれは自宅に限る。何かしたくてそわそわしてしまう。我慢ならない。

何もしてない時間を埋めるためだけに読んでいるので、トイレの中で熱中して、「読み切るまで出られねぇ……！」という事態に陥ることはない。終わったら、物語の途中でも、スッと閉じてトイレから出る。

同じ理由でお風呂もぼーっと入っていることができない。ジッパー付き保存袋を二重にしたものにiPadを入れて持ち込んでいる。で、YouTubeを観たり、『チームファイト　タクティクス』（TFT）というゲームをやったりしている。

TFTは風呂ゲームとして大変ちょうどいい。1戦30分くらいなので、湯船につかりながらやると、適度な長風呂になる。

ただし、僕が爆速で負けると超長風呂になる。最下位になると1戦15分くらい。「これは短い！」となり、もう1戦やるのだ。ちなみにこの「短い」は入浴の長さではなく、TFTの試合の長さである。早く負けた自分が許せない。

しゃべっていられたら大丈夫なのだが、トイレでずっとしゃべり続けたら、もうただの変なやつだ。理性がなかったら多分トイレでしゃべっていると思う。だが、僕は人間だ。理性があるとされている生き物だ。だから人間であるために、僕は自宅のトイレでマンガを読む。

大
小
MANGA!!

冬の日も雨の日も雪の日もクロックス

僕は靴下をはかない。冠婚葬祭用に3足しか持ってない。長さ別に3足。5年近く、冠婚葬祭のときだけ靴下をはく生活を送っている。意外と寒くないのだが、足が慣れて寒さに強くなったのか、寒さを感じる感覚が死んだのか、定かではない。

そしてオールシーズンクロックス。クロックスは7足持っている。何と靴下より多い。それぞれ色と穴の数が違う。茶色と赤と白と白。あれ、色かぶってたな。

そして穴の数は、夏は多いもの、冬は少ないものを選べるように、各種取り揃えている。ちなみに穴が少ないのは茶色だ。

本当にオールシーズンクロックスである、ということを証明できるエピソードをお話ししたい。冬のある日、『遊☆戯☆王』をやろう！」と友達に誘われて遊びに行くことになった。外を見ると雪が降っていたが、そんなことで「クロックスじゃないやつ履こうかな」なんて頭をよぎることはない。根っからのクロックス男、俺。外に出たら「うおー！　さみー！」となったが、シンプルに気温が低いから全身が寒いのだと勘違いしており、クロックスのまま突き進む。

でもそれだけなら全然耐えられた。
その後の「ちょっと雪踏んでみよ」がダメだった。
実はですけど、雪って冷たいんですよ。

この件で、雪の冷たさを学んだ僕は、クロックスを履いているときは雪を踏まないようになった。学びだ。長野にある雪の上のサウナに行ったときもクロックスだったが、雪は踏まなかった。あの事件がなければ確実に踏んでいた。僕は確実に成長している。
これからも雪の日も、裸足にクロックスで歩いていきたいと思います。よろしく。

これが僕のサウナ道

サウナに入り、水風呂に入って、外気浴で整う。僕の場合はコンディションや季節にもよるが、サウナ8分くらい、水風呂2分、外気浴10〜15分を、2〜3回繰り返すことが多い。サウナに行く場合、整うことに全集中する。友達と行ったとて、ワイワイすることはない。それはサ道に反するからだ。また、サウナーは常に「いいサウナ」というものを探し求めており、情報交換を行っている。

サウナのよし悪しとは何か。よくない例を挙げると、サウナ室の温度が低く乾燥している、水風呂が冷たくない、整いスポットである外気浴ゾーンが埋まりがち。

一方で、いいサウナというものもございまして、例えばサウナ室の湿度が程よく高く、薄暗くて天井が低いところ。さらにロウリュというサウナストーンに水をたらしていい香りにできるところなんかは特によい。

そして僕がいちばん重要視しているのはサウナそのものではなく、外気浴ゾーン。外で寝転がれるスペースがあれば、そこはいいサウナだ。


僕の中のベスト・オブ・サウナは佐賀県にあるらかんの湯。御船山楽園ホテルという施設の中にあるサウナだ。ここは本当に最高。サウナ好きを喜ばせるためだけに作られた施設だと踏んでいる。ほんっっっっとうにいいんです!!!


らかんの湯のサウナは、サウナ室は薄暗くて湿度も高く、天然水やほうじ茶をロウリュにかけられる。そして水風呂は飲めるレベルの美しい温泉水。そんな水風呂で身体を冷やしたあとに向かう先にある外気浴ゾーンはもう世界一!

そこにあるのは、リクライニングを最大に倒した角度の椅子と、たいまつのみ。そして見上げた先には、何と満天の星が……。

これで整わないわけがない。もし興味が湧いた方はぜひ行ってみてください。整いますよぉ。

交友関係が狭かろうがゲームが古かろうが楽しけりゃOK！

学生時代の話を読むと、僕は「友達たくさん！」「みんな仲良し！」みたいなタイプに見えたかもしれない。意外とそうでもなくて、共通の趣味がある人とはよくしゃべるけど、幅広く誰とでも友達というタイプではなかった。

全然積極的に行かない。

小学生の頃なんて、今振り返るとちょっと壁があったかもしれないとすら思う。「なにしてんのー？」「仲間に入れて！」と入っていけるタイプでは決してなかったし。同じクラスだけど話したことがない人もいた。小学校6年間同じ学校なのに一度もしゃべったことがない人が何人かいたほどだ。たった2クラスしかなかったのに。

交友関係は狭く深くタイプだ。

そんなタイプだけど、学生時代ただひたすらに楽しかったのは、交友関係が狭めであることについて、いっっっさい考えたことがなかったから！　別に狭いことが問題だとか、友達の輪を広げたいとか、少しでも感じたことがあったかすら怪しい。だってしょうがなくない？　そういうタイプなんだもの。

今いる友達と一緒にいて、楽しくて、大満足！　だとしたら、人数が多いとか少ないとかそんなことはどうでもいいよね。

この考え方は、僕の根底にある考え方なのかもしれない。だって、あんまり考えないタイプだし、謎を謎のまま置いておけるし、状況を「そうなんだー」とそのまま受け入れがち。

基本的に僕はあるものでわりと満足できるタイプなのかも。だってないものはしょうがないじゃん。「なにしてんのー？」と聞けるタイプじゃないのはしょうがないこと。それで満足なら別に無理する必要は全くない。

それに、ないものって自分ではどうしても手に入らないものだったりもするじゃないですか。極端な話、僕が今から「大谷翔平選手になりたい！」と思っても、絶対に無理。これは間違いなく無理。性質的にも年齢的にも無理です。大谷翔平選手に失礼な言い方かもしれないけど、僕に大谷翔平選手は向いてない。僕は、自分と性質の違うすごい人に対して「なりたい！」とは思わない。

今自分が持っているものの中で、自分ができることをやっているのがいちばん楽しいんじゃないかな。それはゲームでもそうで、昔は「今持ってるゲームで取ってないトロフィーもあるし、新しいゲームはまだいっか」と手を伸ばさないことも多かった。

そのとき楽しければ、友達が少なくても、大大大成功しなくても、古いゲームばっかりでもそれでいい。向いてない方向のことは気にしないし、ないものはないし、あるものの中で楽しむ。そんな考えかたでゆっくり生きて、でき上がったのが僕です。

僕が考えるif

みなさんは「もしも」を考えることはあるだろうか。もしもあのとき違う選択をしていたら、今どうなっていたのだろう……。そんな「もしも」を。

僕はある。「もしも実況者じゃなくて公務員になっていたら」。……なんてことは一度も考えたことがない。僕が考えるもしもは「男子校じゃなく共学に通っていたら」だ。僕が通っていたのは男子校。それはそれでとても楽しかった。

でも、「マンガで見る青春とやらが共学ならあったのかも……」とは考えてしまう。男子校出身の悲しさは、青春マンガを読んでも全く共感できないことだ。なんならどれが本当にあり得ることで、どれが〝フィクションだからこそ〟なのかすら判断できない。「男女グループで下校して寄り道する」は実際にあるの？　ないの？　どっち？

もちろんクラスには彼女がいる人もいた。しかし僕らには自然な出会いなどない。無から切り開く必要があり、それはかなり険しい道のりだ。そんなことをやっている暇があったらゲームをやりたい。そんな思考回路だった僕は、彼女はおろか〝初恋〟の記憶すらないという。

一応、小学生の頃のご近所グループに何人か女子がいて、高校生になってもLINEは知っていたのだが、特に連絡を取ることもなく、僕はディズニー ツムツムのスタミナ回復装置としての役割のみを担っていた。相手からスタミナ回復要請があり、スタミナを女子に送る感じだ。

まぁ共学だったとしても絶対に僕はモテていない。断言できる。男子校時代と全く変わらないテンションで過ごし、女子から「おおはら？　あの、ゲームの人？」と言われている様子がありありと思い浮かぶ。

じゃあ共学じゃなくてもいっか。変わんないね。男子校、楽しかったなぁ。

小さな目標達成を続ければ、勝手に大きな目標は達成される

100万人登録を目指してみたい。おかげさまで50万人まではあとちょっとだ。もしかしたらこの本が出る頃には達成しているかもしれない。じゃあ、次は100万人を目指すしかないよなァ！

そのために、僕は悪いことをせず頑張りたい。ふざけてるんじゃなく、本気でそう思う。チャンネル運営をしていく上で、僕が怖いな～と思っているのは炎上だ。でも、炎上って悪いことがバレるから起こるんだよね。ってことは、悪いことをしなければ火種がないから起きなくない？　というのが、僕の考え。だから第一に必要なことは「悪いことをしない」。

この「悪いことをしない」というのは、人生においてもかなり大事だと思っている。

当たり前なんだけど、だからこそシンプルに大事。人として誠意ある生き方をしていたら、人間なんてそれだけで立派よ。例えば、僕は陰口は言わないようにしていて、改善してほしいことがある場合は、相手に直接、面と向かって言うようにしている。そのおかげか、人間関係がごちゃごちゃすることはない。

そしてもうひとつ。「悪いことをしない」は運をよくしてくれる。

これは僕の持論なのだが、「運がよい」という状態を「なぜ?」と切り分けていくと、「人への感謝を忘れない」とか、「約束したことを守る」とか、〝機会を逃さない〟行動をとっているかが、強く関わっているように感じる。手前味噌ではございますが、ここらへんは僕も気をつけているところです。

50万人登録目前の今、振り返ってみると「小さな目標を達成し続けていたら、いつのまにかここにいた」という感覚だ。「きおきおの動画のついでに観てもらえるように」から、目の前にあるできることを達成しながら、少しずつ少しずつ前進していたら、気づけば50万人登録までもが目の前にあった。

今の調子で少しずつ昔の自分を超えていければ、100万人登録もいつか目の前に現れるんじゃないか、と思う。何年先になるかはわからないけど。

人生は長距離走。短距離走のペースで走り続けようとすると、疲れて燃え尽きちゃう人が一定数いる。僕もその一定数に含まれそうだ。特にYouTuberみたいな、多くの人に好かれることが必要な仕事は、どれだけ長く続けられるかが勝負。期間が長ければ長いほど、人目に触れる機会が増え、好きになってくれる人もきっと増える。

ゆっくりでいいから、息切れしないように、ずっと活動し続けることが大事なんだろうな、と僕は考えている。

100万人登録かぁ〜。もし叶ったら、僕はどうなるんだろう？　想像してみたけど、まだ具体的な像は思い浮かばない。

今50万人登録が目の前にあるけれど、「おお、あと2万じゃん」という感覚でしかない。200回再生しかなくて笑っていたあのときから、50万人になった今。自分に対しては「ちょっとずつ頑張ったね」くらいの思い。

むしろ僕のことを観てくれている視聴者のみなさんに深い感謝がある。みなさんが僕のことを応援してくれているから、ここまで来れたと思っている。↑編集さん、ここは太字にしといてください！　強調して視聴者のみなさんを感動させましょう！

……というのは照れ隠しの冗談です。視聴者のみなさん、本当にありがとうございます。みなさんのおかげで今までやってこれました。感謝しかないです。

そして、きおきお、たいたい、ドズルさん、ドズル社メンバーのみんな、カズさん、その他コラボしてくれる実況者さん。みなさんが支えてくれたおかげで、僕はゆっくりと歩みを続けられて、ここまで来ることができました。

50万人登録目前の僕はこんな気持ち。きっと、100万人登録が達成できるとしたら、そのときもこんな感じなんだろう。きっとまた小さな達成を積み重ねながら少しずつ進み、いつの間にか100万人登録が目の前に来ていて、「やべえ！　100万人達成記念イベント何も考えてねぇ！」と慌てている自分が目に浮かぶ。

なんて何事もないようにカッコつけてるけど、実際そうなったら「100万人登録だ！　いえーい!!」と喜んで、スーパーでローストビーフを買って、銀座コージーコーナーの1000円のケーキを買って、ひとりでお祝いくらいはするんだろう。牛タンも食うかもな。このまま僕が、コツコツを続けていけるように、引き続き応援してくれると嬉しいです。

「ゲーム実況といったらおおはらＭＥＮ！」という存在になりたい

僕の実況者としての最終的な夢は「ゲーム実況といったらおおはらＭＥＮ！」と最初に名前が挙がるような人間になること。日本を代表するゲーム実況者・おおはらＭＥＮ！　いい響きだ。なりたいな〜。

そのために、「ゲームの面白さをうまく伝えられる人」を目指していきたい。自分のプレイや話したことで笑いが起きれば、「このゲームやってみたいな」と思ってもらえるはず。そのためにはプレイの上達はもちろんのこと、リアクションや雑談の能力もかなり重要だと考えている。

この本をここまで読んでくれた人には、じゅうぶんすぎるほど伝わっていると思うが、とにかく僕はゲームが大好き。だから、ゲームのよさをできるだけ多くの人に伝えていきたい。

そして、その方法はまっすぐでなくてもいい。なぜなら僕は逆張り大好き人間だから。みんながやっていないようなプレイスタイルで面白さを伝える。与えられたものの中で遊びを見つけたり工夫したりして、「このゲームってこんな面白いこともできるんだぜ!」と実況したい。

でもそれはきっとゴールではない。今のところの「最終的な夢」なだけで、そこにたどり着いたらきっと、もっと先のことが見えてくる。僕は貪欲だから、もっと、もっともっとさらなる最終目標を見つけるだろう。

実況者は全クリがない職業だと思っている。100万人登録は夢だけど、その先はまだまだある。やり込み要素も無限にあるし、実績解除だってまだまだ余ってるはずだ。だからこの実況者というゲームをひたすら極めていくぞ、俺は。

おわりに

まずは！！！！！！　ここまで読んでくれてありがとうございました！！！！！！

自分の言いたいことを話しまくったみたいな本ですが、みなさんがクスッと笑ってくれたり、ちょっとでも悩みがほぐれたり、自信を持つきっかけになったりしてくれてたらいいな、と思っています。

どんな人でも悩みはあると思いますが、考え方ひとつで多少マシになると僕は考えているので、読んで「なんかマシになったな」と感じてくれる人がいたらいいな。

僕はポジティブタイプですが、無理やりポジティブになるタイプではありません。悩んでいる中で小さい楽しみを見つけたり、「悩んでも悩まなくても一緒！」と考えてみたり、「小さい積み重ね」を続けるうちに勝手に夢が叶うと考えたり、そういう楽観的な考え方なだけ。それが誰かのお役に立てば、本望です。

この本で伝えたかったことをひとつ、真面目に言うとしたら、「自分の好き・楽しい・やりたいを大事にしてください」ということ。

進路や転職に悩んでいる方もいると思います。みなさんが新しい一歩を踏み出すとき、この本がちょっとした助けになればいいな、とも考えています。公務員かYouTuberかで悩む、つまり安定を取るか夢を取るかの悩みは、進路・職業選択のときにはつきものですから。

僕は「だってやりたいし！」でド安定の道を捨てました。そんな人生でもなんとかなります。なんとかなってます。「やりたいことがあるけどチャレンジングすぎる」と悩んでいる人が、僕が楽しくなんとかなってる姿を見て、「やりたい」を優先してみようと思えたとしたら……こんなに嬉しいことはありません。

かといってド安定を行くな、と言っているわけではありませんよ。好きなほうを選んでもなんとかなるし、ド安定を選んでも自分次第で楽しくやれる。そういう感覚で、この本を書いてきたつもりです。

僕はこの本も「好き・楽しい」を大事にしながら作りました。だから、書いていて思い出したことがあればそのまま書くわ、話したいほうにすぐ脱線するわで、「好きになったらそっちに行っちゃう性格」がモロに出ていると思います。

それが吉と出るか凶と出るかは、読んでくれた方次第ではありますが、面白がっていただけると、僕は喜びます。脱線ついでに、実況では話さないようなことも書いたので、そこも楽しんでもらえているとありがたいです。

最後に、僕を応援してくれるみなさんへ。

僕は、僕の動画を観てくれている人を身近な隣人だと思っています。高校生の頃、友達と一緒に教室でゲームをして盛り上がっていた、あの感覚。実況中は、観てくれるみなさんと一緒にゲームを楽しんでいる感覚でいます。

よかったらこれからもずっと、一緒にゲームを楽しみましょう。
そしてさらによかったら、実際にプレイもしてください。

ゲームは人生。そして、人生はゲームです。

ぼくらの to be continued《トゥ ビィ コンティニュード》

2024年９月3日　初版発行

著者／おおはらMEN《メン》

発行者／山下 直久

発行／株式会社KADOKAWA
〒102-8177　東京都千代田区富士見2-13-3
電話　0570-002-301（ナビダイヤル）

印刷所／TOPPANクロレ株式会社

製本所／TOPPANクロレ株式会社

●お問い合わせ
https://www.kadokawa.co.jp/（「お問い合わせ」へお進みください）
※内容によっては、お答えできない場合があります。
※サポートは日本国内のみとさせていただきます。
※Japanese text only

定価はカバーに表示してあります。

ISBN 978-4-04-607043-2　C0095